大鱼文化传媒　大鱼文学

恋爱
奇葩说

大鱼文化
女报时尚 /合著

贵州出版集团
贵州人民出版社

图书在版编目（ＣＩＰ）数据

恋爱奇葩说 / 女报时尚, 大鱼文化著. -- 贵阳：
贵州人民出版社, 2016.4（2020.1重印）
　ISBN 978-7-221-12037-3

　Ⅰ.①恋… Ⅱ.①女… ②大… Ⅲ.①情感－通俗读
物 Ⅳ.①B842.6-49

　中国版本图书馆CIP数据核字(2016)第070367号

恋爱奇葩说

女报时尚, 大鱼文化　著

出版统筹　陈继光
选题策划　宋惜非　刘砾遥
责任编辑　陈继光　徐　晶
流程编辑　胡　洋
装帧设计　gemini_jennifer　昆　词
出版发行　贵州人民出版社（贵阳市观山湖区会展东路SOHO办公区A座，
　　　　　邮编：550081）
印　　刷　三河市华东印刷有限公司
开　　本　889×1194毫米　1/32
字　　数　214千字
印　　张　9
版　　次　2016年6月第1版
印　　次　2016年6月第1次印刷
　　　　　2020年1月第2次印刷
书　　号　ISBN 978-7-221-12037-3
定　　价　39.80元

第一部分 男女大不同

002　小心，男人很在意

006　他有多在乎你发微信

010　暧昧是一颗子弹

014　男人一沉默 女人就犯错

018　男为悦己者穷

022　他临阵玩冷淡 你冷眼等等看

026　谁给了男人莫名其妙的自信

030　男人害怕比对方爱得更多

034　男人投入一次 女人次次投入

038　男人一定会以貌取人

042　应对男人谎言"三不曲"：
　　　不鼓励、不拒绝、不迷惑

046　男人说AA是根本就不爱你

050　女人谈恋爱看感觉，男人更看三观

053　你问得理直气壮 他答得一派谎言

057　小姐，克制一下你的依赖感

061　女人害怕会问 男人害怕会瞒

LIANAI
QIPASHUO

第二部分　那些女生该知道的事

066　男生最容易讨厌女生哪些毛病?

069　男人说忙时是不爱你了吗?

072　男人的午夜电话是爱你吗?

076　当男人说想跟你私奔时,他们是在说什么?

080　前女友在男人的心目中是怎样的?

084　为什么刁蛮的她比温顺的你更有男人缘?

088　女追男应该吗?

092　为什么男人跟有些女人藕断丝连?

096　同学会中的爱情靠谱吗?

100　什么脸叫家暴脸?

105　男人最忌讳女人什么?

110　男人对你的犹豫是拒绝吗?

115　那个藏起来的 QQ 号他干什么用?

120　当男生听到"我不喜欢你妈"他们怎么想?

125　男人为什么会对你小气?

129　男人会为了面子问题和你分手吗?

LIANAI
QIPASHUO

第三部分 那些惊人的爱情真理

136	请相信爱情更是一场交易
142	会吵架才会谈恋爱
148	别吃男人的回头草
155	哪里有红颜知己 其实就是爱情地雷
161	暧昧离爱慕到底有多远?
168	女孩要不要选择被剩下?
175	女生应提高虚荣的技巧性
179	男人的爱与罩杯无关
184	要抓住男人的心,先学会好好爱自己
191	不要把他对你的控制欲当爱
197	防火防盗防闺密
203	谈恋爱不要过分听取朋友意见
210	科学使恋爱进步 文学使恋爱后退
217	他用头脑你用心这种关系叫不叫爱情
222	恋爱不成仁义在
229	男女之间没有纯友谊
234	每段遇人不淑 都是咎由自取
240	该吃的醋要一滴不剩
246	应该让男人主动来追你
251	情商不够少玩姐弟恋
254	贫贱夫妻从来都是百事哀
259	男人很认同的 15 大观点
266	21 句男人常用的言外之意
271	爱情中的 9 大谣言

LIANAI
QIPASHUO

第一部分

男 女 大 不 同

LIANAI
QIPASHUO

小心，
男人很在意

男人的问题是在意但不说，
女人的问题则是说不停但
并不真在意。

男人比女人更细致？答案是肯定的。美国心理学家通过研究全球
范围内男服装设计师及其作品，得出此结论。某些很容易被你忽略的
细节看上去与感情无关，然而于他来说，恰恰是爱情杀手。

/ 受访者 /

哲哲：28 岁，游泳教练

Lucas：25 岁，公务员

横木：27 岁，留学生，专攻婚姻心理学

**Q1：据说对于女朋友、准女朋友、女性朋友，男人常常会在细节
上给她们打分，甚至可能会因为某个细节而将准女朋友降级为女性朋
友。真这么严重？**

哲哲：男人其实比女人敏感，而且一旦发现细节上的差异绝不会

勉强。

  Lucas：我也注重细节，不过会提醒她。找个女朋友不容易！

  横木：男人对女人很挑剔，尤其当这个女人是准备谈婚论嫁的人。而女人比较容易日久生情或母性大发，嫁给一个在无数细节上自己完全不能接受的男人。她的方法是在唠叨中释放不满，男人没这个特权，只能在挑猎物时睁大眼睛。

  Q2：请罗列你最不能容忍的细节，可以把历任女朋友的错误叠加，每人五项，写在纸上，互相不许偷看，嘿嘿。

  哲哲的答案：

1. 换衣服时不拉窗帘

2. 穿脱丝的丝袜

3. 早晨起来不刷牙就接吻

4. 用看起来很脏的粉扑往脸上扑粉

5. 普通话不标准

Lucas 的答案：

1. 穿用指甲油补过的丝袜

2. 每次出门前都往脸上扑粉

3. 挠痒时抓出很大的声响

4. 衣服干净漂亮但鞋子或手袋又脏又破

5. 洗完澡后从不清理水池中的长发

横木的答案：

1. 接吻时戴假睫毛，像一件暗器

2. 约会时穿尖头皮鞋，有又高又细的鞋跟，也像一件暗器

3. 冬天穿裙子时，丝袜里面穿裤子
4. 粉扑得太厚，卸妆前后判若两人
5. 坐下时两腿叉得太开

Q3：外表的细节真会影响你对一个女孩的喜好？

哲哲：会。一次女朋友带朋友来家里玩。那个朋友走后，女朋友问我她是不是很靓。我说不觉得，她脚上的指甲油脱落得很难看。因为第一眼看到了难看的脚指甲，我甚至没心情仔细看她的脸。

Lucas 就拿今天见到的一个女生来说吧，她今天穿的衣服很普通，裤子看上去也有点旧，但鞋子非常干净漂亮，所以我就感觉很舒服，会有想和她聊天认识的想法。如果相反的话，恐怕我并不会愿意和她交谈，去认识她。

横木：男女对美丽的定义确实不太一样。女人觉得美就是打扮得特别时尚，而男人觉得美丽一定是细节完美的。

Q4：如果已经相爱，感情也会受到细节的影响？

哲哲：所谓感情当然要有感觉，感觉不好何谈感情。

Lucas：女人在购物时只管潮流，哪管我们究竟喜欢什么。如果在这种小事上都是如此，以后你怎么能够指望她尊重你老妈。

横木：影响感情的不是细节，而是她对细节的态度。我对前女友说，真不喜欢你穿黑丝袜，她会说，你懂什么，现在流行这样。事实上，她的腿太细了，穿上黑丝袜一点也不好看。倘若在细节方面，男人的所有建议在她看来都是老古董或无稽之谈，我们怎么爱她？

Q5：感觉你们谈恋爱像在市场上挑肉。如果女人同样如此注重细节，恐怕你们都找不到老婆。

哲哲：嘿嘿，男人不以细节取胜嘛。

Lucas：女人之间不也流传，永远不要嫁穿破袜子的男人。

横木：男人是从猎手进化来的。

Tips

女同学们，一定要小心，有些细节男友很在意。不要等感情破裂还穿着破丝袜茫然不知为何。

Q 他有多在乎
你发微信

一直以来，大众都觉得女人对男人手机的关注要更多一些，其实并不是这样。'

/受访者/

禾小田：25 岁，M 记优秀员工

缤纷：27 岁，男秘书

村夫：25 岁，自称为诗人

Q1：男人对女朋友发微信很敏感吗？

禾小田：对于她在我面前发信息，我的态度：我有意见但我不说。

缤纷：我也不喜欢她在我面前发信息，有事打电话，没事该干吗干吗。信来信往的，最不能忍受她还看着手机傻笑。

村夫：手机信息＝暧昧。

Q2：不觉得发微信很正常吗？连上司现在都喜欢给下属发微信

了。

禾小田：通常是这样的：她的信息提示音打断谈话，我耐心等她发完，重新开始说话，说到一半，叮——于是她又拿起来看，嫣然一笑。一边示意我接着说，一边手指在键盘上乱舞。发完信息抬起头来，白痴似的望着我问，你刚才说什么。你说我崩溃不？

缤纷：据本人混迹官场四年得出的经验，喜欢给女下属发微信的上司，要么是八婆要么是色狼。

村夫：我很少发微信，如果有人微信来说什么事，我会回电话过去。热爱发微信的异性就是热爱暧昧的人，你觉得我偏激也无所谓。

Q3：那你们查过女朋友的手机吗？

禾小田：她去洗澡时，我偷看过几次。

缤纷：她经常让我帮她装歌装游戏，每次我都很开心地在里面翻个底朝天。她有随手删信息的习惯，收件箱总是空的，这让我有点小阴影。不过，她的电话本里95%是女孩子的名字，又让我倍感欣慰。

村夫：没查过。不过我时刻在跟内心的恶魔作战。

Q4：男人关注女朋友的手机是怀疑她在劈腿？

禾小田：错。其实我更好奇的是女孩之间怎么会有那么多话，微信可以发到三更半夜，每一条都分页。

缤纷：肯定不是。就是觉得这个小玩意里面会藏着一些我不知道的东西，你爱一个人，肯定想知道她的全部。

村夫：这样说太简单了。你不觉得手机本身就像一个第三者吗？有时候我们吵架了，看她拿着手机发信息、听歌、玩游戏，一会儿就云开雾散，我就想，奶奶的，老子还不如一部苹果6。

Q5：可以简单用一句话概括男人们的想法：占有女朋友，并且占有她的手机，这样说对吗？

禾小田：也对。

缤纷：同意。男人很喜欢送手机给女人。如果一个男人允许女朋友一直用着过去那段恋情时的手机，要么他根本不爱她，要么他实在太穷了。

村夫：这也不能怪男人，关键是手机功能太多，无孔不入，你说这还让不让人活啊！

Q6：男人似乎渴望女朋友的手机完全向自己开放，自己却把手机看得很紧？

禾小田：这是很矛盾的事。曾经遇到过手机完全向我开放的女生，在她洗澡时我可以帮她接听电话。但当她要求我这样做时，我想都没想就拒绝了。不是有什么秘密，而是害怕完全被一个女人掌控，这种感觉对男人很致命。

缤纷：我不这样想啊，我希望相爱的两个人彼此完全没有秘密。

村夫：我渴望，但如果她真这样做了，我会觉得她缺乏吸引力。当然，我的手机也是我的隐私，这是永远不可改变的。

Q7：采访的结果很令人意外，因为一直以来，大众都觉得女人对男人手机的关注要更多一些，但是现在看来好像并不是这样。

禾小田：这是男人的狡猾。

　　缤纷：男人对女人手机的好奇心可能远远超出你的想象。一次在快餐店，我看到一位少妇边吃饭边发信息，脸上露出温暖的笑容，居然有冲过去拿她手机看看的冲动。

　　村夫：完全是错觉。手机是男人的假想第三者，而电脑是女人的假想第三者。

Q8：如果让你对女朋友说一句与手机有关的话，你会讲什么？

　　禾小田：手机里的性感照片，请注意销毁。

　　缤纷：别以为跟闺密发两个小时微信，我就不吃醋。

　　村夫：十点以后请关机。

Q

暧昧
是一颗子弹

，

女人或许认为这是爱，但男人并不这么想。

男人的意见似乎是暧昧没什么大不了，然而，暧昧像一颗子弹，很多时候能够射穿本来稳定的爱情关系。

/ 受访者 /

小盛：26 岁，记者，所在公司男女比例为 1：6

YOYO：23 岁，银行职员

阿闯：30 岁，独立策展人

Q1：你们把暧昧说得这么轻描淡写，那么，如果女人也持此种态度，你会怎么想？

小盛：暧昧这事说大不大说小不小，关键是不能让对方知道。无论男女，谁知道自己所爱的人随便跟别人暧昧都不爽。

YOYO：别人我不管，女朋友肯定不能跟别人暧昧。

阿闯：女人和男人不一样。男人热衷于征服，女人热衷于占有。女人一暧昧了就特别容易当真，付出真情，甚至想跟对方有进一步发展，这很危险。

Q2：我们看到有些有相爱至深的女朋友的男人依然在跟别的女孩子暧昧，那么爱女朋友，为什么要跟别的女人暧昧呢？

小盛：女人喜欢把爱情和暧昧混为一谈。爱情是直达内心的，暧昧则是一种社交需要。就像棉袄和单衣的区别，你有了棉袄难道就不买单衣？

YOYO：我大哥说得好，没有任何女人能够满足男人的全部情感需要，不过女朋友总是主旋律。

阿闯：男人与异性暧昧有时候其实只是为了证明自己混得不差，有女人缘。他把对方当朋友，但对方怎么想就难说了。

Q3：习惯暧昧的男人出轨几率更高吧？

小盛：这是典型的女性思维啊。怎么不想习惯于暧昧的男人见多识广、抵抗力强呢？

YOYO：暧昧多了总有失足的时候，倘若我是女人，不会跟喜欢暧昧的男人相恋。

阿闯："心未动，身已远"的几率更高，就看你如何定义男人出轨了。

Q4：在你们看来，暧昧与感情无关？

小盛：暧昧与爱情无关，是一种男女间的友情。

YOYO：那不一定，暧昧到出轨这种事也挺多的。

阿闷：男人征服欲很强，希望所有女人都对自己好，如何获得呢？暧昧是最好的途径，女人基本都吃这一套，男人也算实践出真知吧。

Q5：如何判断一个男人是不是暧昧爱好者？

小盛：看他是不是喜欢发微信。

YOYO：看他是不是细心体贴。细心体贴的男人把这个优良品质用到其他女人身上就是暧昧。

阿闷：看他的工作性质，如果他工作的地方女人扎堆，不暧昧就是找死。

Q6：男人暧昧的底线是什么？

小盛：因人而异。我的底线是亲吻与上床，大家玩得比较高兴，搂搂抱抱很正常。

YOYO：肯定不能付出真感情。不过，我觉得其实很难把握。

阿闷：倘若单身，可以不设底线，只要你情我愿，并且你别把暧昧错当爱情；倘若有女朋友，身体不能出轨，这就是底线。

Q7：听你们的意思，暧昧似乎只是男人的一种社交工具，女人不必当真？

小盛：暧昧这事儿还真不太好控制，有时候男人自己都很迷惑。总的来说，我觉得男人不是好东西，呵呵。有时候我希望女人都像铁娘子，不要给我们随便暧昧的机会。

　　YOYO：我们公司有个男上司对一位能干的女下属很暧昧，后来女下属在工作中犯了事，我们都以为他会网开一面，没想到他处理得特别重。那女的非常伤心，辞职了。我觉得女人确实没必要把男人的暧昧当回事。

　　阿闯：暧昧和爱肯定不是一回事。暧昧是玩，爱是责任。生活太沉重，所以需要暧昧来调剂。

Tips

　　如果女人觉得自己爱上了这个男人，千万别跟他暧昧，这只能让你们的心越来越远。

男人一沉默
女人就犯错

对于女人来说，沉默不语意味着生气；而对于男人来说，它可能只是自然状态。

男人爱对喜欢的女人耍酷，而女人面对喜欢的男人却像只麻雀。对于女人来说，沉默不语意味着生气、移情别恋甚至想要分手；而对于男人来说，它可能只是自然状态、休息或者思考电脑游戏的通关步骤。

男人沉默，随他去吧，女人猜得越多错得越远，做得越多越不靠谱。

/ 受访者 /

淘淘：27 岁，滑冰教练，双重性格

旺吉：25 岁，澳大利亚留学生，性格外向

刘里：25 岁，记者，闷骚型

Q1：美国某网站进行了一项名为"男友最不受欢迎时刻"调查，

结果"莫名其妙地沉默"位列第一。对此你们怎么看？

淘淘：倘若有人告诉我，恋爱将失去随意沉默的权利，我会认真考虑是否还要恋爱。

旺吉：除了练习中文，我通常说话很少。我认为沉默是男人的可贵品质。

刘里：很正常，男女有别嘛。如果让我评选女人最恐怖的语言，我选择"你怎么不说话了"，嘿嘿。

Q2：男生在追求女生时通常话很多。当他沉默的时候越来越多，是不是可以理解为他对这个女生的感情已经由浓转淡？

淘淘：典型的女性思维！永远保持追求时的状态，没话找话，会累死的。

旺吉：男人话多是荷尔蒙刺激的，也就是说，男人的身体上下通常会一起活跃，可你们最注重的是中间部位——心，对不对？

刘里：女为悦己者容，男为悦己者言，呵呵。大家熟悉了，女的敢在男的面前卸妆了，男的也敢在女的面前沉默了，正常。不用总想得那么负面，觉得人家不爱说话就是不爱你了。

Q3：那在你们和女朋友之间没有不愉快的事情发生的情况下，你们莫名其妙地沉默，究竟是在想什么？

淘淘：崔永元说自己回家特别闷，因为话都在外面说完了，工作需要嘛，回家只想休息。我虽然工资没他高，名气没他大，这点倒跟他一样。

旺吉：情绪特别好或者遇到喜事的时候当然话会多一点。不爱说话多半是情绪低落或工作学习压力大。不过，这跟女人没关系，跟感情也没关系，是自己的私事。

刘里：可能在想工作上的事，也可能脑中一片空白，但肯定不是在想感情的事。其实男人一旦有了较为稳定的感情，是很懒得在这上面再费心思动脑筋的。

Q4：你沉默时，她的什么行为最让你抓狂？

淘淘：不断追问。你怎么了，是不是不高兴，不喜欢我了，我做错什么了吗……更恐怖的是，当你轻言细语地跟她解释自己有点累，她却哭哭啼啼地说，我知道你肯定不喜欢我了……真是不可理喻啊。

旺吉：唉声叹气，怪我闷，说自己瞎了眼。这时候，我就理解了中国那句古话：天下最毒妇人心。

刘里：在我面前大声讲电话，笑声像海啸时的波浪，我躲到厕所她就站在厕所门口讲。好像我沉默是为了向她示威，而她一定要东风压倒西风。

Q5：可是，两人相处当然要多考虑对方的感受，如果你的沉默让她不安，干吗不能多说几句话？

淘淘：我就是觉得她没必要不安啊，我既没花心变节也没做错什么，只是想休息一下。

旺吉：错。良好关系的前提是各自独立，如果总是要考虑对方的感受，说明你们的爱是肤浅的，并不能够彼此理解。

刘里：女人干吗不考虑男人感受？人家警察还允许犯人保持沉默呢，这是人权。

Q6：你们确信男人不想说话不是因为劈腿？

淘淘：劈腿的时候，我会选择没话找话，以免被她发现。

旺吉：99% 不是。

刘里：扯淡。男人劈腿的证据很多，沉默是最容易误判的，除非他平时是话痨，并且跟你相处一两年，做梦都想说话。

Q7：看来男人一沉默，女人就犯错。可否给点建议，女人怎样做是双赢？

淘淘：做让自己快乐的事。男人很闷的时候，最喜欢看到身边有个快乐的女人。

旺吉：别理他，另外，要自信！

刘里：生活上照料他，情感上忽视他，言语上尊重他。控制不住情绪，就找闺密玩。独处是恢复男人谈话机能的最好办法。

Tips

当男人沉默的时候，女人要好好爱自己，他会自然而然好起来的。

男为悦己者穷

女为悦己者容，男为悦己者穷。

女人一恋爱就变漂亮，男人一恋爱就变寒酸，听上去身为男人还真是惨。不过男人也是一种奇怪的动物，女人用他的钱，他肉疼；不用他的钱，他心疼。

/ 受访者 /

魏冬明：27 岁，外企职员，典型凤凰男

KIT：25 岁，发型师，收入较高

阿甘：27 岁，银行职员，数学脑袋，以一敌百

Q1：还记得第一次为女生花钱是什么时候，做了什么，有什么感觉？

魏冬明：高一，一起在校门口的快餐店吃东西。我点了一份 10 块钱的排骨饭，她吃的是 18 块的鲜虾饭，还要了杯 10 块钱的奶茶。

当时我特惊讶，没想到女生吃得少却比男生花钱多。

KIT：应该是18岁以前，具体记不清了。无意中听朋友说她喜欢一条花裙子但舍不得买，我用报培训班的200块钱为她买了那条裙子，回头骗老妈说钱丢了。她特开心，我特有成就感。

阿甘：真正印象比较深的是第一次陪女朋友买护肤品，几个小瓶瓶花了我一千多，很惊叹，从此立志赚钱。

Q2：你时常觉得女朋友奢侈吗？

魏冬明：开始时觉得，慢慢被她洗脑了。比如她先带我去看两千多块钱一双的人字拖，然后提出买一双五六百块的皮鞋，我毫不犹豫掏出钱包还感谢她大人有大量。

KIT：女人这种动物只分漂亮和不漂亮的，不分奢侈和不奢侈的。

阿甘：绝对奢侈。十块钱四个的鸭头一天能啃二十个，冰箱里十根和路雪梦龙两天就没了，买了衣服要配鞋，买了鞋要配包，买了包又要配腰带，最后还要配个脚链。她一出差，我的钱包就变胖了，她一回来，立刻消瘦。不过，我还是盼她回来，自虐嘛，呵呵。

Q3：喜欢一个女孩就会主动为她花钱？

魏冬明：不一定。说不定会考验她，开始时故意对她特别小气，看她是不是一个唯利是图的女生。

KIT：不一定。有些人，比如我吧，属于天生的大男子主义者，觉得跟女生出门就应该男人花钱，哪怕我觉得她是女巫。

阿甘：肯定是。性与金钱是男人征服女人的最重要手段。

Q4：你们是否赞同女生甩掉那些不愿意为自己花钱的小气男？

魏冬明：女人看男人是否小气，要看大局。比如女生喜欢买零碎小东西，男人可能觉得完全没必要，不愿意买，被她误认为小气。某天她生病或要读书，需要很大一笔钱，男人却二话不说拿出来了。

KIT：如果他对自己很大方，只对你小气，百分百应该甩掉。如果他对自己及周围一切人都一样，你就要认真想想了，他说不定很适合做老公。要知道，很多女人未婚时喜欢大手大脚的男人，结婚以后却会因为这个男人太大手大脚而头疼。

阿甘：同意。男人不愿意为女人花钱是爱得不够的表现。

Q5：为女生花钱，有种征服的快感？

魏冬明：有。男人很傻很天真的，总觉得你花了我的钱就是我的人。有些男人被女友甩了以后会恼羞成怒地让她还钱，其实他在乎的不是那点钱，而是感受。

KIT：确切说是成就感。有钱给女友花说明咱成功啊。伤害男人的东西只有三种：失业、阳痿和空钱包。

阿甘：我觉得是安全感。男人看到喜欢的女孩花自己的钱很干脆，他会想，哇，她也喜欢我耶，我们的关系算是进了保险箱了。

Q6：那种经济上很独立，总想跟男人AA制的女生很打击你们？

魏冬明：做朋友可以，做女朋友的话，我想自己很难爱上她，她让我没有安全感。

KIT：纯粹找抽呢。

阿甘：非一般的打击。她是神不是人。

Q7：那女人应该大胆地花男人的钱吗？

魏冬明：哈哈，男人也没这么自虐吧。男人为女人花钱有双重底线，包括自己的经济实力和心理承受能力。聪明女人要在日常生活中多观察他，慢慢前进，慢慢试探，逐渐增加花销，找到这个底线。别一上来就乱花一气，挫伤了男人的积极性。

KIT：花吧花吧，只要你过得比我好。

阿甘：其实女人是因为爱或者想证明爱而花他的钱，还是只是想占便宜，男人心知肚明。对于前者，我们付出真情，考虑进一步发展；对于后者，我们的策略是你花我的钱我要你的身体，玩玩而已，没有未来。因此，想跟一个男人天长地久，就别太快花他的钱。

他临阵玩冷淡
你冷眼等等看

女人忽冷忽热是患得患失，
男人忽冷忽热或许只是一
时情绪。

追求你的时候，他可以一天发一百条短信，一旦尘埃落定，他却忽冷忽热起来。昨天在一起很黏很美好，今天你的短信他却隔十分钟才回。你越紧逼，他越惊慌，当男人忽然冷淡，究竟发生了什么？

/ 受访者 /

小错：28 岁，自由摄影师

范铭铭：25 岁，武术教练

王勇：25 岁， 外企职员

Q1：经常有女孩子说男友忽冷忽热，尤其让人受不了的是，没有任何诱因的忽然冷淡，为什么呀？

小错：装神秘呗，怕被对方了解得太深，或者觉得关系发展得太快了。

范铭铭：因为不确定或者害怕，不知道自己是否做好了与一个女人过于亲密，甚至要谈婚论嫁的准备。

王勇：许巍歌里都唱了："没有什么能够阻挡，人们对自由的渴望"，其实他说的是男人们。当两人的关系太亲密，男人就会觉得失去自由，所以他需要跳出来喘口气。

Q2：当你选择忽然冷淡，最怕她做什么？

小错：最怕她误会，认定我已经移情别恋。

范铭铭：最怕她哀怨，哭哭啼啼地问："我究竟哪儿不好？"你跟她解释了一百遍"你很好，跟你没关系"，她死活不信。

王勇：最怕她逼我说火辣辣的情话，真的说不出来，很烦。

Q3：当你选择忽然冷淡，最希望她做什么？

小错：当然希望她继续不求回报地照顾我、关爱我，容忍我的冷淡，并且不问为什么，等待我自我修复。

范铭铭：对女性朋友来说，对男人更冷淡是女人治愈男人忽然冷淡的绝杀招数，为了不失去，男人必须强打精神，尽快恢复充沛的感情。

王勇：我希望她至少有一个夜晚的时间让我安静。

Q4：似乎男人更情绪化？

小错：是的，不过男人一般选择跟自己较劲。

范铭铭：女人在这方面比较狡猾，她们想闹情绪的时候，会故意找碴，就显得理直气壮了。

王勇：也不是，只是因为男人天生比较害怕过于亲密的关系，在工作中，男人就不情绪化。

Q5：男人忽冷忽热恰恰表明他们已经真正爱上了吗？

小错：应该说是他已经感受到女人爱上自己了。男人在追求女人的时候，一般都会勇往直前，没什么忽冷忽热，因为那时候，他们被征服欲冲昏了头脑。

范铭铭：这种情况一般出现在男女关系比较亲密的时候，他的挣扎其实是一种试探：我足够爱她吗，她足够了解我吗？

王勇：爱上了，才会患得患失，才有忽冷忽热。女人应该高兴才对。

Q6：应该如何区分这种情绪化的冷淡与想分手的冷淡之间的区别？

小错：最简单的办法是不主动、不拒绝，静观其变，期限为两周，每天给他发一两条问候短信就 OK 了。如果是前者，几天后，他会主动来进攻；如果是后者，自然死。

范铭铭：别人我不知道，对我来说，如果想分手，一定会说明白，不明不白冷淡人家一定不是想分手，而是因为自己都搞不懂自己。

王勇：我觉得没办法区分，也许他本来只是想冷静一下，被你一逼一问一闹，就分手了。

Q7：在你们忽然冷淡时，女朋友什么品质最让你觉得可贵？

小错：自信。她如果很自信的话，就能淡定面对我的走神。

范铭铭：信心吧。如果她对我们的关系有信心，就不会追问为什么你昨天说我爱你，今天就不说了，这种问题实在让人抓狂。

王勇 信任。当我对她说，我只是想安静一下，我希望她能相信我。

Q8：听你们这意思，男人忽然冷淡完全没问题。可是，如果男人没事儿总是玩冷酷怎么办？

小错：他冷淡的时候，你别追问，但不意味着他恢复了以后还是不想跟你交流。如果在花前月下的美好时刻，你装作不经意地问问他，是不是对未来恐惧，或者害怕将来没有自由，他应该还是愿意说出自己的顾虑。多交流几次，你就彻底征服他了。

范铭铭：这是男人的成长过程，一般来说，他们自己会慢慢克服。毕竟，谁都要从男孩变成男人，不过，有的人这个过程可能特别漫长，等不等，你自己拿主意。

王勇：如果男人忽然冷淡的次数没有随着你们的交往深入而逐渐减少，那么，你们的关系一定是有问题的。

谁给了男人
莫名其妙的自信

女人对自己的要求越来越高，为什么男人却莫名其妙地自信。

　　他个子那么矮，却自诩为拿破仑二世；他工作没着落，却守着银行卡上的4000块钱，以为自己是马云年轻版。那些歪瓜劣枣的男人，不在家好好自卑着，却处处留情，逮谁泡谁，以为自己是刘德华。在女人对自己要求越来越高，常常感到自卑的年代里，男人却对自己的要求低到了尘埃，在尘埃中找到莫名其妙的自信。

/ 受访者 /

小四：26岁，超市收银员

赵英俊：25岁，房地产经纪

烟斗：29岁，酒吧老板

Q1：男人永远比女人自信，你们认可这种说法吗？为什么？

小四：是这样。女人比较完美主义，比如一个在我眼里很漂亮的女生，还天天抱怨自己的身材太肥，眼睛不够大。而男人则是浪漫主义倾向比较严重，总觉得自己即使现在不怎么样，以后也会很厉害。

赵英俊：我觉得不一定，女人比较喜欢把自卑挂在嘴上而已。

烟斗：差不多是这样。因为男人的自由度更高。长得丑没关系只要能赚钱；不能赚钱没关系只要长得还可以；即使长得丑又不能赚钱，只要有点幽默感还是没关系。

Q2: 很多男人对自己身材很放纵，当女朋友告诫啤酒肚很难看时，他们居然也并不自卑。为什么会这样呢？

小四：因为男人觉得自己不靠外形取胜，越老越丑越吃香。

赵英俊：我倒没有啤酒肚，但喜欢驼背，女友说我像个小老头。我会自卑那么一小会儿啦，但嘴上绝不承认，其实我很少听说哪个男人为自己的外貌自卑。

烟斗：因为男人想：你看当大老板的，有几个身材好？

Q3：如果说因为社会对男人外貌要求低，所以他们不自卑，我同意，但是事业很糟的男人还是不自卑，怎么解释？

小四：因为事业这东西不是天生的，还有大器晚成一说。即使到了30岁，男人还没工作，他也会觉得自己马上就会发达了，为什么要自卑呢？

赵英俊：同意小四。

烟斗：同意小四。另外我觉得在这方面，女人天生就被赋予了不公平，所以自卑感会比较重，对于她们来说，最重要的年龄、外貌这些东西，都是注定会随时光流走，抓不住的。

Q4：男人难道对自己一点儿正确认识都没有吗？

小四：你指望一个男人正确认识自己，基本就是指望三岁的孩子能洗衣做饭。

赵英俊：如果他使出全身解数都不能引起任何女人的注意，当然会自卑。然而事实不是这样，女人因各种原因会搭理他们，而他们是给点阳光就灿烂。

烟斗：郑重透露一个小秘密，越是长得丑的男人，越花心，因为他们要靠不断勾引异性来证明自己的魅力。就算他们骨子里有自卑，行为上绝对比谁都自信。

Q5：也就是说，男人常常将自卑藏在心里？

小四：你可以这么想。不过事实更偏向于男人自卑的时候远比你想象的少。

赵英俊：男人往往只在同性面前才表现自卑。一来在异性面前有优越感，二来在女朋友面前表露自卑太没面子。

烟斗：纵观男人一生，自卑感是呈 U 形的。青春年少的时候，心地纯洁，多愁善感，常有自卑感。成熟之后，尤其在事业成长期，就很少有工夫自卑了。到了老年，自卑感会抬头，因为社会角色没有了。女生觉得男人从不自卑，因为她们遇到的都是壮年期的男人。

Q6：男人的盲目自信真的很让女人恼火。你们的女朋友曾经因此打击过你吗？你会不会因此自卑？

小四：她经常打击我，说我这不好那不好。可我觉得这都是扯淡，如果我真那么不好，她为什么还跟我耗着，她又不是猪。所以，我心里挺乐的，打是亲骂是爱，随她便吧。

赵英俊：我女朋友特别过分，估计是旁敲侧击了多次我都没反应。现在，只要她有看不顺眼的地方，直接就说，你都这样了，还不自卑，真是脸皮厚。我觉得她好奇怪，难道我自卑了就可以成为比尔·盖茨吗？

烟斗：上帝偷走了男人的自卑，这是没办法的事。不过，我还是比较理解女朋友的，偶尔会在她面前说，我好自卑哦，我配不上你。每次她都很开心，极尽温柔与安慰，我当然也很开心。

男人害怕
比对方爱得更多

我离开你，不是因为不爱而是太爱。这个史上最狗血的分手理由，对于一部分男生来说是掩盖事实，而对另外一部分人，则是实实在在。与其说他们不喜欢太爱另一个人的感觉，不如说他们不喜欢比对方爱得更多。

/ 受访者 /

小刀：28 岁，美发师

黑夜：27 岁，工程师

刘志明：25 岁，无职业

Q1：一位女性朋友最近与男友分手了，男人提出来的理由是他太爱她，爱得洗心革面，爱得失去自我，这让他感觉很不开心，很不安全。女人都觉得这个理由是鬼扯，你们怎么看？

小刀：可信度在 80%。男人确实不喜欢太爱的感觉，除非少数有无私奉献的自虐精神的男人。总的来说，有这种精神的女人更多一点。

黑夜：我跟这哥们儿的想法一样。我喜欢在感情中保留自己的世界，比如有个女朋友还有一两个红颜知己之类的。但如果我太爱她，不忍心让她生气，就肯定得改变自己，那多恐怖啊，万一有一天她离开我，我不亏大了？

刘志明：他的想法很真实，我身边很多朋友都不喜欢付出太多爱。但是，能够因为爱得太深而下决心分手，这哥们儿基本可以去当冷面杀手了。

Q2：深爱一个人对男人来说难道不幸福吗？

小刀：你爱她 50%，她爱你 100%，这才是最幸福的。男人比女人更害怕受情伤，因为很没面子。

黑夜：如果爱得太深，就会把握不住，"一切尽在掌控"才是男人想要的幸福。

刘志明：深爱是幸福，同时也是折磨，因为你会总担心失去对方。男人恐怕对这种折磨的耐受能力要比女人差一点，因为女人可以经常表达出来，比如"求你不要离开我""如果没有你，我就活不下去"等等，要是男人这样，恐怕会把女人吓跑。

Q3：女人全心去爱是光荣，男人全心去爱就是傻帽？

小刀：女人不是全心去爱也要装作全心，男人即使全心去爱也要装作半心。所以才有一句话叫恋爱中的女人最美丽，你听过恋爱中的男人最美丽吗？

黑夜：如果当年自杀的是汤镇业而不是翁美玲，人们会不会像怀念翁美玲那样怀念汤镇业？肯定不会吧。社会对男女的要求本来就不一样，一个大男人，爱得死去活来，别说自己觉得怎么样，旁边的人都会嘲笑你。

刘志明：全心去爱一个人是挺光荣，关键是，现在大家都不敢轻易投入真心了，世事变幻莫测，谁爱得多谁就输。男人只是更输不起。

Q4：不觉得放弃自己爱的人，而选择爱自己的人，是一件很难的事吗？

小刀：罗马不是一天建成的，这种想法也不是忽然冒出来的。真正决定离开的时候，他一定已经做好了准备工作，也就是说，在这个点上选择离开，痛苦在可承受范围内。比如他可能已经有了差不多的替代品，红颜知己或者很有挑战性的工作。

黑夜：决定分手的时候，肯定就已经不太难了。也就是说，已经过了最爱期，但还是很爱，比对方爱自己多。

刘志明：肯定很难。不过，有些男人天生就比较爱挑战吧，越是难的事情，他越要尝试，痛苦总会过去，关键是不能承认自己没了谁就活不下去。

Q5：有没有这种可能，他嘴上说很爱，其实已经觉得这个女生不适合自己？

小刀：所谓的不适合，就是经过了这么长时间，你爱我居然还没有我爱你深。一段感情，开始的时候通常是男人主动，其实他们的目的是诱敌深入，最终变成女人爱得更多更主动，这样的关系，男人就觉得很好。

黑夜：主要是心理不平衡吧，如果那个女生家里是千万富翁，他多半就认了。

刘志明：不是不满意女生，而是越来越不满意这种对他不利的爱情结构，只有挣扎出去，跟另外一个人，才能重新建立一个对他有利的爱情结构。

Q6：对人家千好万好，又忽然说，我太爱你了，所以要离开你。这是不是太阴损？

小刀：无毒不丈夫，所以才有那么多女生骂我们是猪。

黑夜：男人可不那么想，还觉得这是救你于水火之中呢。他们通常觉得首先要对自己负责，然后才能对别人负责，如果过不了自己这一关，就算勉强在一起，大家都痛苦。

刘志明：这就叫大悲大喜呀，我觉得还是比较正常的爱情模式靠谱一点，比如女生爱男生多一点。男生是需要被宠爱的，你宠他，他才能宠你，如果总是他宠你，很容易产生反弹力。

Tips

沐浴在被爱暖阳下的姑娘要注意了，他的目的很可能不是享受对你的爱，而是引诱你爱上他，并且越爱越深。倘若你总不前进，他就很可能撤退。众所周知，男人不是一种在爱情中乐于无私奉献的动物，他付出越多，便积累了越多的反弹力，一朝爆发，就是最有杀伤力的弹簧。

男人投入一次
女人次次投入

经常看到女人在一次次恋爱中痛哭流涕，可据说男人一生只痴心一次。

我们经常看到女人在一次次恋爱中痛哭流涕，没有最痛只有更痛，却很少看到男人失魂落魄一次又一次。据说男人一生只痴心一次，受伤后便有了刀枪不入的免疫力。倘若果真如此，女人实在要认真偷师学艺一番。

/ 受访者 /

大雨：31 岁，饺子店老板

灰太狼：25 岁，运动员

四仔：28 岁，摄影记者

Q1：可以讲讲你们生命中最痴心的那一次恋爱吗？

大雨：初恋。她考上了名牌大学，我没考上。跟她说分手的时候，她眼睛哭，我心里哭。我傻傻地想，让考验来得更猛烈些吧，然后闷头去努力。三年后，自修了个大专文凭，做了点小生意，写信告诉她，我一直爱着她，人家却没搭理。

灰太狼：大学的时候跟女朋友分手。当时真觉得自己活不下去了，就跑到她们宿舍楼下的小湖里。大冷的天，快晚上十一点了，我望着她宿舍的窗口，慢慢往湖里走，想象着明天早晨，她看到我的尸体浮起来该多么肝肠寸断。可湖水太浅了，我最后带着一身淤泥，狼狈地爬上岸。

四仔：最痴心的是场暗恋，持续了将近一年。那真是彻夜难眠，别说看着她，就算一想到她都呼吸困难。你们能想象，这种状态，根本不可能有勇气去表白。现在我挺不明白那是咋回事儿的，像中邪一样。

Q2：后来应该也遇到过很多好女孩，为什么再没有那么痴心过？

大雨：因为长大了吧。事业啊、哥们啊、足球啊，精力被分散了，不容易再产生那种付出全部，只为得到一个人的想法。

灰太狼：还来第二次？那天从湖里爬起来，我就流着泪咬着牙，下决心，以后只有我负人，休想人负我。

四仔：正常吧。崔健大叔不都说了，18 岁的时候，觉得姑娘都是香的，恨不得一口把她吃了。

Q3：最痴心等于受伤最深吗？

大雨：准确说是受震动最深。发现女孩在分手时表现激烈，事后忘得也快，男孩则是表面冷静，内心痛苦。

灰太狼：当然。

四仔：自卑、灰心、不安等等，很深刻。那是人生唯一一次，觉得如果不能跟自己喜欢的女孩子在一起，生命毫无意义。

Q4：后来就百毒不侵了？

大雨：没那么严重，呵呵。后来变得现实了，懂得不去追求超过自己能力的事情。

灰太狼：后来我对于爱情的态度就是不见兔子不撒鹰了。不管有多喜欢，都不会全部付出。我会时刻告诫自己，绝对不能再像上次那样，太丢人了！

四仔：确实没那种情绪了，但不是刻意的。

Q5：我身边有很多女孩，会奋不顾身地爱了一次又一次，你们身边有这样的男生吗？

大雨：最多在年轻的时候傻一次，过了青春期，基本上就觉得感情这东西，差不多就行了。一天光想着爱爱爱，兜里没钱，履历表上空白，哪个女孩也不会爱你。

灰太狼：上大学的时候班里有个男生，也是他倒霉吧，总是热脸贴人家的冷屁股。印象中失恋了三次，每次都喝得烂醉，割腕啊、绝食啊，都做过，我们都被感动了，却没一个女孩被感动得回心转意。这算一典型反面教材吧，我们私下议论，看来男人太痴情就不可爱了。

四仔：我觉得奋不顾身这事儿根本不存在，女孩只是更喜欢做出奋不顾身的样子罢了。

Q6：痴心在年轻时用完了，对于后来者岂不是很不公平？

大雨：拿到手的已经是被教化过的男人，应该觉得幸运才是。男人能给女人最好的爱，是为她负责，而不是为她寻死觅活。

灰太狼：女孩要想开点。我不可能再像爱别人一样爱你，不是因为你没别人可爱，而是咱再也遭不起那罪。

四仔：所以呀，女人总责怪男人太冷酷、不懂爱。这其实挺矛盾，我们不冷酷的时候，有人待见吗？人都是这样，你冷她就热，你热她就冷。

Q7：如果再碰到一个女孩，让你有想奋不顾身的冲动呢？

大雨：忍。忍着忍着，她就比你更奋不顾身了。所谓控制不住，是不想控制。

灰太狼：赶紧找哥们儿玩玩，跟别的女孩调调情，加加班，拍拍老板马屁什么的。无论用什么办法排解，都比再把自己搞得失魂落魄要舒服。

四仔：那就投入呗。不过，按我的经验，所谓奋不顾身的冲动是维持不了多久的，如果她不理我，我很快就泄气了，如果她也喜欢我，发生关系以后也就没什么冲动了。没办法，长大了，再也回不去了。

Tips

为什么痴情到老的女生特别多？因为无论什么年龄段的女人，对感情的占有欲都很强，而当男孩成了男人，他想占有的是整个世界。

男人一定会
以貌取人

其实男人对异性的人品没有
太多判断力，
尤其当对方是美女的时候。

在电视节目《非诚勿扰》中，男嘉宾被要求先选择自己一眼相中的女生，无一例外地、不管自己长成什么样，他们都毫不犹豫地选择场中最漂亮的女孩。相映成趣的是，一位帅过黄晓明的男生，因被怀疑花心，而惨遭灭灯。在以貌取人这件事上，男人真的很执着、很梦幻？

/ 受访者 /

豆豆：23 岁，学生，富二代

黄蜂：29 岁，咖啡店老板

刘政：25 岁，公司职员

Q1：网上流传一个观点，大意是男人想与漂亮女孩恋爱，但不会想与她们结婚。你们同意这个观点吗？

豆豆：不同意。恋爱我也要漂亮的，结婚我也要漂亮的。

黄蜂：扯！这肯定是丑女杜撰出来的。

刘政：如果这话是真的，漂亮女孩应该都剩在家里，事实呢？

Q2：另外一个观点是，上帝给了你一些，必定拿走一些，所以通常美女身上都会有很明显的缺点，比如任性、奢侈等等，你们也不怕？

豆豆：这个真没觉得。我倒觉得女孩不能长得丑，长得丑会心理变态。

黄蜂：这话是李敖大叔说的吧？阅美女无数后，折腾不动了，开始酸溜溜地讲究心灵美。请相信我，年轻男人对美女是很宽容的。

刘政：我可以想办法改造她。再说了，美女也会长成老太婆嘛。

Q3：看出来了，抵毁美女的话，肯定不是正常男人说的。那如果你们遇到外表很美，人品很烂的女孩，会有什么感觉？

豆豆：我没遇到过这样的。如果真遇到，我会想，原谅她吧，至少她长得还不错。

黄蜂：其实男人对异性的人品是没有太多判断力的，尤其当对方是美女的时候。

刘政：总好过遇到长得很烂，人品更烂的女孩吧。

Q4：如果一个漂亮女孩对你投怀送抱，即使很明显她身上有些性格是你不喜欢的，你也会尝试与她恋爱吗？

豆豆：没遇到过，很渴望……应该不会吧，我的理想是吴晓莉那种内外兼修的。

黄蜂：会，她的身体吸引了我。

刘政：本能会想与她进一步交往，至于能深入到哪一步，要看她那些不好的性格，是不是超出我的底线。

Q5：有没有很讨厌过一个长相漂亮的女孩?

豆豆：目前没有。

黄蜂：有。抢走我第一单生意的那个人。

刘政：还没有，如果有，那一定是她深深地伤害了我。

Q6：托尔斯泰那句话怎么说来着，人不是因为美才可爱，而是因为可爱而美。可真实情况，在男人眼里，女人的外在美还是第一位，对吗?

豆豆：托老的话也没错，但那是历经沧桑的一种感觉。如果交往不深，我哪知道你可不可爱。

黄蜂：以貌取人是男人的天性。两个女人做了同样一件不太好的事，美女肯定更容易被原谅。当然了，长得不怎么美的女生，可以用可爱去征服异性，但你想啊，如果她这些可爱，放到一个美女身上，能量不相当于一颗原子弹吗?

刘政：我女朋友就是这样一个可爱的女生。但在街上看美女的时候，我还是忍不住想，她如果能长得像那个谁谁谁就好了。

Q7：最终能与美女修成正果的毕竟是少数，如何平衡理想与现实的距离?

豆豆：不用平衡，我非美女不娶。

黄蜂：没什么可平衡的。见到美女想入非非是人性，最终跟谁走到一起是缘分。

刘政：有个风靡一时的网络小说叫《与空姐同居的日子》，讲的就是一个要啥没啥的男的，捡了个旷世美女。它满足了男人的梦想，所以大家爱看。但看完以后还不是该干吗干吗去。男人现实起来比女人更现实，浪漫起来比女人更浪漫。

Q8：相貌普通的女生，如何在初次见面的时候吸引男生？

豆豆：比较难。就别去相亲那种地方找打击了，最好是在办公室、学校这种容易日久生情的地方发展对象。

黄蜂：如果你不能优雅，至少可以善解人意，不能口若悬河，至少可以做个安静的倾听者，千万别假装风情万种。

刘政：找个比你丑的女伴。

Tips

美女天生拥有更多资源，因为在这个世界上，大多数资源是掌握在男性手中。正如比尔·盖茨所说："人天生就是不公平的，承认它，抱怨无济于事"。希望天生美女们更好地利用手中资源，成就幸福人生，非天生美女们苦练知性、优雅、善解人意，争取成为气质美女。

应对男人谎言"三不曲"：
不鼓励、不拒绝、不迷惑

男人说谎的场合比你想象的多。'

英国市场调查公司 OnePoll 曾调查了 4300 名英国成年人，发现使用频率最高的谎言是"我的手机没信号"，紧随其后的有"我没带钱""你看上去不错""我会给你打电话"等。当谎言已经成为社交需要，面对异性，男人又会使出哪些他们自认为善意或自以为得意的谎言？

/ 受访者 /

乐天：28 岁，婚礼司仪

小王：25 岁，销售人员

刘云：23 岁，快递公司送件员

Q1：通常，人们面对异性比与同性在一起更容易说谎。有没有这样一种趋势，越是面对喜欢的异性，男人的谎言越多？

乐天：我面对自己不喜欢但对方却比较热情的异性，会说谎比较多，比如故意说"我喜欢你啊"什么的，看她笑得花枝乱颤，蛮有趣。面对喜欢的异性，说话倒比较谨慎，不会太油。

小王：在喜欢的异性面前会装得完美一点，也不是说谎啊，只是挑好的说。

刘云：不觉得。在哥们儿面前，我倒总说假话，好玩嘛。

Q2：与异性第一次见面，说得最多的假话是什么？

乐天：当然是"你好漂亮"或者类似的话。

小王：我会给你打电话的。

刘云：你长得很像我一个初中同学。

Q3：对女友最常使用的谎言是什么？

乐天：我想你。

小王：手机没电了。

刘云：你穿什么都好看。

Q4：为什么"我想你"也是谎言？

乐天：当女人问"你想不想我"，男人百分百要回答想。这时候的这句话，至少有九成是注水的。记得有一次乒乓国手刘国梁接受采访，谈起跟太太恋爱时聚少离多，太太总问他这句话，他总回答，想啊。"其实我那时候挺忙的，没什么时间想她"，后来当着太太的面，他就这么说的。我觉得这才是真话。

Q5：上面说的这些，还是很善意的谎言。曾对女友说过的最恶劣的谎言是什么？

乐天：我不太明白你所说的恶劣，在我看来都是善意的。比如我跟一个女孩一起吃饭，朋友打来电话，我说跟哥们儿吃饭，这也是善意的。

小王：个人认为最恶劣的可能是跟前女友分手的时候，明明是因为我喜欢上别人了，我却告诉她，我想先专心做事业。

刘云：我这个月的钱花完了。

Q6：你们尝试过在分手的时候，将真正的分手原因告诉她吗？

乐天：太傻了。把真正的原因讲出来，会伤害人家，也会有损自己形象，还会纠缠不休！

小王：目前只分过一次手，没说真话，因为说了真话可能很麻烦。

刘云：还没经验。不过我可以想象有些真话说出来挺伤人的。

Q7：男人想分手的时候，最常用的谎言是什么？

乐天：个人总结的 TOP3：1. 你太优秀了，我配不上你；2. 我父母不同意；3. 我觉得自己还不成熟，无法承担爱情责任，也许过几年，我会再来找你。

小王：我听说过的最牛的谎话是：我太爱你了，这样下去我会疯掉的，所以我们分手吧。

刘云：据我观察，在同一场分手中，男人通常要编三到五个谎言。开始是说父母不同意，要以事业为重，如果女方继续纠缠，就会说自己以前受过伤，恐婚或恐爱，如果女的还是纠缠，就干脆说我很累或者我们只是暂时分开一下。总的来说，当男人说我会再来找你或我们只是暂时分开一下，基本已经是复合无望。

Q8：很多女人觉得男人还有一句谎话特别可恶，就是"我们只是好朋友"，因为如果他这样描述自己跟一个异性的关系，通常两人关系已经很不寻常了。你们有过类似经历吗？

乐天：厉害！看来这句特别好用的谎言已经过期了。

小王：晕，我女朋友昨天刚这样描述她跟一个男同事的关系。我没用过这句话，今天听到这个问题，更不能用了。

刘云：其实在爱情中，谎言的厉害之处在于，你明知道是谎言却无可奈何。

Tips

有人的地方就有谎言，有爱情的地方谎言会格外多一点。不是每一句谎言都需要被揭穿，爱说谎，至少说明他在乎。当然，如果对他的每一句话都深信不疑，也会死无葬身之地。对于男人的谎言，我们的策略是：不鼓励、不拒绝、不迷惑。

男人说 AA
是根本就不爱你

男人讨厌爱上他们钱的女人，但更讨厌破坏男女交往基本规则的女人。

美国专栏作家谢里·阿尔戈说："如果你是他的受气包，他会让你为最初的几次约会付账，如果你是他的梦中情人，他绝不会这么做。"如今，男人时常以"女人要独立"为诱饵，逼女人付账或者AA制，然而，无论社会如何发展，男人"不买单"能够说明的依然是他没把你当回事儿。

/ 受访者 /

阿勇：26 岁，软件工程师

小吹：26 岁，富二代

南南：24 岁，高中数学老师

Q1： 曾在商场碰到一对男女，男的让女孩试一个头饰，大家都说女孩戴着好看，男孩决定买下它，却是送给远方的姐姐做生日礼物。

销售小姐提议他买两个，一个送给姐姐一个送给帮他试戴的女孩，女孩很期待地望着他，男孩却断然否决。我心里很替那个女孩难过，不过七八十块钱的东西而已。你们如何看待这对男女的关系，又如何理解这个男孩的行为？

阿勇：女孩肯定喜欢男孩，但男孩一定只是把她当陪玩儿。

小吹：女孩有意，男孩无情是肯定的，但这男的确实够丢人，除非他是担心给女孩造成错觉，故意扮演铁公鸡，让她明白自己没戏。

南南：现在男人经济压力实在很大，手上要是不紧着点儿，结婚的车啊房啊，从哪里来？我挺理解这个男孩的，既然女孩愿意陪逛，他就没有义务买单。这种事情，一个愿打一个愿挨。

Q2：如果一个女生，与你们第一次约会吃饭时坚持自己买单或者 AA 制，你会怎么想？

阿勇：如果我很喜欢她，我会很难过。如果我对她感觉一般，当然很开心她能如此独立自主又善解人意。按我的理解，初次约会女孩主动要求买单，一定是她感觉跟我没有继续发展的可能性，所以不愿意占我的便宜。

小吹：我会觉得这女的太假了。虽然我讨厌爱上我的钱的女人，但更讨厌破坏男女交往基本规则的女人。

南南：她大约为了证明自己是个独立自主的新女性吧，从理论上可以理解，毕竟如今崇尚男女平等，法律也没规定第一次约会必须男生买单。不过，我还是会觉得她有点强势，不适合做女朋友。

Q3：什么样的女孩会让你们产生强烈的不想买单的念头？

阿勇：有过一次这样的经历。是一个女网友，从外地来，之前在网上聊得很开心，感觉她是个漂亮温柔的女生，可一见面，发现身上"小姐"气很重。她一进酒店就坐在大堂沙发上，把身份证交给我，并且强调要住一周。我十天的工资一转眼就没了。帮她订完房间，我赶紧假装老板让我马上出差，闪了。

小吹：一上来就点燕鲍翅，吃完饭还非要让你陪她逛商场的，这种女孩，明摆着就是把男人当小肥羊。

南南：目前还没有碰到过。我的经验是约会地点一定要自己选，点菜时要掌握主动权，这样才可以控制支出，避免哑巴吃黄连。

Q4：这个问题是专门给富二代小吹同学的，你会不会用重金去追女孩？

小吹：一方面我本身就很节俭，另一方面我很怕女孩只喜欢我的钱。所以我跟女孩头三次约会都会选择特别正常的地方，比如肯德基、麦当劳之类的，最多也就吃个韩国烧烤。吃完饭去公园或看电影，对于逛商场的要求，坚决拒绝。

Q5：你们会用不买单的方式，让女孩明白你对她没兴趣吗？

阿勇：会。但不是两人约会的时候。两人吃饭看电影什么的，男生买单是天经地义。如果我对她没兴趣，买东西这种事情肯定不会买单，哪怕是很小的东西，或者她请朋友吃饭，吃到一半打电话让我去，明摆着是让我送钱，我也不会去。

小吹：目前还没试过，有点自损形象吧。如果没兴趣，我会拒绝跟她约会。

南南：我不会拒绝买单，但会故意让她看出来我不那么爽快。

Q6：你认为什么样的买单方式最能体现爱意？

阿勇：我比较欣赏的做法是，男孩在饭局接近尾声的时候，以去洗手间为名，悄悄把单买了。当然，如果女孩讨厌这个男的，不想花他一分臭钱，也可以如法炮制，免得抢来抢去很难看。

小吹：越低调越好，能用卡最好别用钱，不让女孩知道花了多少钱，并且绝对不要讨价还价，更不能说这家店真贵。

南南：我觉得最主要是态度吧。买单的时候要有愉悦感，好像不是自己花钱而是赚钱一样。

Tips

男人心目中，对于男女关系的传统或固定思维其实比女生更为根深蒂固，你无须追求特立独行，也不要给他借特立独行之名逃避责任的机会。

女人谈恋爱看感觉，
男人更看三观

> 女人对男人的改造是小打小闹，男人对女人的改造，可谓排山倒海。

60后高晓松曾坦言自己与80后的前任太太在一起合适的原因："她跟我一起的时候还很年轻，甚至还没进入社会，所以她的基本世界观都是我塑造的"。男人真的这么渴望改造女人吗？

/受访者/

咸鸡蛋：28岁，小白领

小野：25岁，模特

阿蛋：25岁，教师

Q1：坊间有流传说，男人在爱情中更看重外在，女人更看重精神。你们怎么看待这个问题？

咸鸡蛋：其实这是一个"杯具"。男人开始喜欢一个女生，往往都是因为她漂亮、性感或者会穿衣打扮什么的，确定关系以后，才会注重起世界观来。可是，当他发现这女生跟自己想的完全不是一回事时，往往要费很大气力才能甩掉她。

小野：其实男人基本上都是被一个女的耍得很厉害之后，才回过神来——原来，女人不仅有胸，还是有理想、有想法的动物。

阿蛋：我只能说，世界观完全不同的两个人，在一起实在太痛苦了，而且这基本是不可磨合的。

Q2：你们认为两个人在一起，哪方面的世界观必须相同？

咸鸡蛋：最基本的是对爱情的看法，比如忠诚，其次是对父母的态度。我很关注女孩子是不是孝敬老人，还有就是对金钱与欲望的看法，在这方面不懂得克制的女孩我不要。

小野：对待金钱的态度。现在女孩子花起钱来太可怕了，如果这种欲望无休无止，爱情在她们眼中其实已经不值一提。

阿蛋：至少对于生活的认知要与我一样，具体说就是要独立、有理想、敢于承担责任，不能什么都指望男人。

Q3：你碰到过与你的世界观特别合拍的女生吗？

咸鸡蛋：我总以为自己碰到了，了解后却发现是一场梦。

小野：曾经有一个，但没走到一起。因为她要出国，并且不打算再回来，而那不是我的理想。

阿蛋：目前没有，可能是我要求太多。

Q4：小野，留在国内还是去国外发展，在你眼里不属于世界观范畴？

小野：当然，这是人生道路的选择问题。我们的分手虽然难过，但很温馨，就像两个彼此懂得的人，因为乱世而分开的感觉。

Q5: 既然世界观合拍很重要，而遇到一个与自己的世界观很合拍的女孩又比较困难，你们打算如何平衡这个矛盾？

咸鸡蛋: 恋爱就无所谓，但如果找不到与自己世界观相似的女孩，我不会结婚，因为那样太危险了。有些女孩子常常怪男人花心，不明白他们为什么忽然就不热情了，其实很简单，因为他发现你们是两类人，但这个理由，说给你听，你肯定不信。

小野: 没关系，慢慢找，好饭不怕晚，刘备屡败屡战最后还能遇到诸葛亮呢。

阿蛋: 也许只能降低标准，求同存异了。但有些东西不结婚根本发现不了，结了婚，实在忍不了，就离呗。

Tips

都说男人在爱情中比女人冷静，果真如此。女人很少考虑或者在结婚以后才考虑世界观的问题，却不知这个问题远远比帅不帅、高不高、富不富更重要。外形可以习惯，不同的生活习惯可以克服，而倘若世界观不同，你们的每场对话都将变成一场辩论。

你问得理直气壮
他答得一派谎言

恋爱中女人有话直说，
男人却更会考虑后果。

据说史上最让男人头疼的提问 NO1. 为"我跟你妈一起掉河里……"，NO2."如果我怀了别人的孩子……"，如果说这两个问题是明摆着逼男人说谎，那么还有一些女人认为天经地义的提问，也会让男人觉得无法回答，完全不着调。

/ 受访者 /

闻小文: 26 岁，面点师

志强: 26 岁，记者

童童: 24 岁，快递员

Q1：都说男人来自火星，女人来自金星。通常女孩觉得自己的要求很合理，而你却感到尴尬甚至无法作答。你们遭遇过这种难题吗？是什么？

闻小文: 太多了。比如她有时候会问"你为什么跟前女友分手?",我觉得这个问题说来话长,不小心就会把不该说的也说了。再比如她喜欢问"如果我们分手了,你会爱上别人吗?",还有"如果我出门前要化妆一个小时,你会耐心等我吗?",这种带着"如果"的问题是最无聊的,根本就没什么"如果",到时候再说。

志强: 我遇到最尴尬的问题是她直接问我有多少存款。真受不了啊,虽然我也知道这个问题对她很重要,还是很害怕这种赤裸裸的问题,就像我问你是多少罩杯一样。

童童: 跟前女友分手时,她问我能不能在她找到男友之前,不要谈恋爱。我觉得这个问题太可笑了,你要一辈子找不到男友,我还当一辈子和尚吗?可我还是一本正经地回答: 我能。

Q2: 除了存款,其他的几个问题,其实女孩需要的并非真实答案,而是安全感与抚慰。男生也有问这种"傻问题"的冲动吧?

闻小文: 想问的时候是有,但很快就自我否定了,太"娘"了嘛。

志强: 我还是比较理解类似问题的,也不介意提供令她们满意的答案,我怕的是,事后她们再来一句"你为什么没做到",我总不能说,因为本来就做不到啊。就算我会问这种"傻问题",也绝不会追加一句"你为什么没做到",我只会感激对方当初很配合地提供了我想要的答案。

童童: 这种问题,基本相当于撒娇,不成熟的男人才撒娇吧。

Q3: 关于存款这个问题,其实女人都蛮想知道答案的。倒不一定是拜金,而是觉得如果男生把这个问题都向自己坦白了,说明很在

乎。**你们对这个问题却很忌讳？为什么？**

闻小文：这是男人的底线问题之一。如果他在乎你，会主动跟你说，当然，也有些男人是打死也不说的。难道爱一个人，就连穿衣服的资格都没了，只能裸奔？

志强：我特受不了这个问题，一问就觉得她世俗得像个黄脸婆。到一定时候，可以谈经济，比如什么时候付房款首付啊，结婚家里估计能给多少钱啊，但总资产这个问题还是免谈。

童童：她如果直接问，我会比较惊讶，但也不至于反感，不过，我肯定不会说实话。我要说五万，万一明天朋友借走了两万，不是给自己找麻烦？

Q4：面对类似问题，说谎的时候会不会内疚？

闻小文：不说谎才内疚呢。

志强：内疚也得说，否则别想好过。

童童：会内疚，所以才很烦她们拿这种难题考验人。

Q5：不觉得女孩喜欢问你们这样的问题，是说明她在乎你、爱你吗？

闻小文：更爱自己多一点吧。比如那个经典的，我跟你妈一起掉河里，你先救谁，这简直就是一个让男人下地狱的假设，你要真爱我，就绝对不能掉河里，更别说让我妈也掉河里了。

志强：不一定。我曾经遇到一个主动跟我分手的女孩，其实我知道她喜欢上别人了。但分手时，她还是问我"你会不会永远记住我"。女人在感情上的占有欲特别强，男人的占有欲是分散在金钱、权力、不同女人身上的。

童童：一半一半吧。也许是因为在乎我，也许是因为她自己的性格，比如缺乏自信、悲观、太敏感等。

Q6：能对喜欢刁蛮问题的女生说一句话吗?

闻小文：请节约使用爱情权利。

志强：刁蛮女生虽然可爱，但不会永远可爱。

童童：男人更喜欢陈述句。

Tips

赢得游戏的一个方式是：我们必须对于自己想得到的东西保持克制。武林高手是不会什么架都打的，否则不仅累残，还有可能自降身价。

小姐，克制一下你的依赖感

> 女生越是依赖一个男生，他越是没法给你想要的安全感。

曾有一男一女两位名人分别表示了对"爱情黏度"的见解。小 S 评解魅力女人时说："当你需要依附在男人身上才过得下去，他就不会觉得你有魅力了。"韩寒评论自己的女友说："妞从不问有关婚嫁的问题，她说，你来我信你不会走，你走我当你没来过。很彪悍。"为什么好女孩易受伤，坏女孩走四方，或许只是"黏度"问题。

/ 受访者 /

小水：27 岁，18 岁离开学校，开过奶茶店、面馆、咖啡馆，现为某品牌营销代理

毛毛熊：26 岁，游泳教练

肖峰：23 岁，刚毕业即失业的无业男生

Q1：你们喜欢女孩小鸟依人还是独立自主？

小水：我比较传统，喜欢小鸟依人型。

毛毛熊：我理想爱人是王菲那种，独立自主又小鸟依人。

肖峰：我很忙很累也很不成熟，巴不得有人能让我"依"一下。

Q2：经常听到男生抱怨自己的女友很"黏"，在你们眼里，什么算作"黏"？

小水：是极度不自信和缺乏安全感吧。比如总是问我爱不爱她，我去个超市都要发几十条短信问我在哪里，我跟我妈逛个街她都不高兴。

毛毛熊：就是想霸占我的全部，从身体到思想。明知道我工作忙，还要天天打电话、发短信，我玩个电脑游戏，她在我身边像苍蝇一样，一会儿问我喝不喝牛奶，一会儿问我晚上想吃什么。

肖峰：就是很严重的依赖吧。不分时间、场合、地点，不管对方当时的状况，像自己没长骨头一样。

Q3：有没有想过，女孩之所以变得"很黏"，其实是因为你们没给她足够的安全感？

小水：有道理。但我不知道如何给她安全感，往往她越黏我越烦，她可能就更觉得不安，恶性循环。

毛毛熊：反对。安全感是建立在彼此信任基础上的，如果一个女生缺乏自信，根本无法信任你，怎么给她安全感啊？不工作不赚钱，24小时陪着她吗？

肖峰：女孩总是想让恋爱的每一天都像热恋，这对男人来说实在太难。所以，从某种意义上说，如果女人不克制自己，她们要的安全感，男人是没办法给的。

Q4: 有一种说法，发生关系之前，男人黏，发生关系之后，女人黏，是这样吗?

小水：太犀利了。不过，我承认。男人的黏跟女人的黏好像还是不太一样，男人黏是下半身指挥上半身，是想征服；女人的黏是上半身指挥下半身，是怕失去。

毛毛熊：发生关系之后，温度下降，男人真的没办法克服这件事，但这不表明不爱或爱的程度减弱。希望女生不要抓狂，你一抓狂，我就想逃。

肖峰：嗯，男人就是发生关系之前想得多，发生关系以后啥也不想。女人正好相反，发生关系之前不想清楚，发生关系之后啥想法都来了。

Q5: 但如果你女朋友表现得完全不需要你，你也不爽吧?

小水：嗯。我可能反过来去黏一黏她。总的来说，女孩要真能做到一点儿也不黏，基本上就权利反转了。

毛毛熊：那还是我女朋友吗？连我的女老板都偶尔需要我一次呢。

肖峰：恋爱要讲点默契，在我心情不错，有钱有闲的情况下，还是无比希望她来黏我的。

Q6: 什么时候该黏，什么时候不该黏，这个度很难把握啊。

小水：略有智商的女孩都能从男友的态度上判断他现在需不需要

"橡皮糖"。关键问题是，恋爱中的女孩往往一根筋，甚至是越觉得你不想让她黏，她就越要黏给你看，在改变男人方面，"橡皮糖"们往往很执着。

毛毛熊：什么时候该黏什么时候不该黏，女孩不是不知道，而是装糊涂，或者说没办法克制自己。

肖峰：其实很简单，他心情好的时候，可以黏；他忙他累的时候，自己该干吗干吗去。

Q7：听上去很不公平，好像女生完全要以男生的感受为主。

小水：告诉你，懂得克制的女生在我们眼里更有魅力。

毛毛熊：你当然可以鼓励女生越黏越好，但这样受损失的是她们自己。

肖峰：悄悄告诉你，其实我有时候也没安全感，也想黏着她，可一想到那样做，会被她瞧不起，就忍了。忍了几天，发现她反倒跑来黏我，这种感觉很爽的。

Tips

有首歌里唱道，谁先爱了，谁就输了，其实不如改成谁先黏了，谁就输了。爱情是一场博弈，只有克制自己才能取得获胜的筹码。偶尔露出点没他不行的样子就行了，不要真以为自己缺了谁就活不了。

女人害怕会问
男人害怕会瞒

男人的面具戴得太久，或许只是因为得不到理解与宽容。

男人不怕老鼠蟑螂，不怕头发乱蓬蓬地上街，不怕有肚腩，女人怕的男人似乎从不怕。

男人到底怕什么？

/ 受访者 /

大头：28 岁，科技男

王东东：26 岁，文艺男

刘顺：26 岁，手艺男

Q1： 请列举你现阶段最怕的三件事。

大头：丢工作、女友劈腿、老妈逼婚。

王东东：老鼠（出租屋里的老鼠太凶猛了，晚上直接上床吃人肉的）、通货膨胀、眼袋。

刘顺：谈恋爱、涨房租、被异性嘲笑床上不"给力"。

Q2：刘顺竟然害怕谈恋爱？

刘顺：因为谈恋爱很麻烦，至少在现阶段。女孩会问，咱们什么时候买房子啊，你什么时候可以找个薪水高的工作啊，我过生日你送什么礼物呀，你每天打电玩以后怎么办呀，我不能天天跟你吃泡面喽，等等。总之，我觉得恋爱就是你生活的每一部分都被外星人扫荡了。

Q3：女生普遍对自己外貌比较担忧，男生这方面的担忧是否少一点？

大头：女生可能更完美主义，觉得最好自己身材像舒淇，脸蛋像李嘉欣。男人在这方面的担忧则比较现实，比如我吧，就从不跟黄晓明比，但我跟自己比。比什么呢？比今年头发比去年少，我脑袋本来就大，再一谢顶就成灯泡了。

王东东：女人喜欢把"怕"字挂在嘴上，男人就说不出口。学素描的时候画老年男子人体，一画完就做噩梦。

刘顺：悄悄告诉你，我特怕老，也特怕生病，还特怕死相不好看。我跟我爷爷长得很像，每次看到他的样子，我都想最好不要活到他那么老。话说，男人老了也相当不堪啊。

Q4：国外有一项调查，说男性比女性更喜欢在洗澡时照镜子。你有这种爱好吗？

大头：没比较过。不过洗澡后，身材比较像样，忍不住会在镜子前多待一会儿。

王东东：没有。我租的房子卫生间根本没镜子。不过，公司电梯里有镜子，没人的时候我会狠照的。

刘顺：照啊，而且前后左右都要照到。

Q5：你会把你害怕的事情告诉女友吗？

大头：有些事情可以说。比如早晨看到枕头上落了一层头发，我会说，妈的，别35岁不到就地中海了。但害怕丢工作这种事不会说。因为你说掉头发的事，她觉得你在开玩笑，在她们看来，男人对外表不怎么介意，但如果说丢工作的事，直接关系到下个月房租谁来付，她就会抓狂，天天问你工作怎么样、老板说什么没有，甚至偷偷跑去相亲。

王东东：不说。这不是虚伪，这是教养。

刘顺：基本不说。快乐的事要分享，痛苦自己扛就行了。

Q6：如果你不说，她就一直以为你很强大。可有些事，你自己扛不住了怎么办？

大头：其实有些事不用直说，她应该懂。比如我拖着不带她回家见老妈，就是怕老妈一激动让我立刻结婚，这道理很浅显。可惜她真的不懂。整天跟我闹，说我不爱她。我要不爱她，干吗跟她在一起？但这个我绝对不能说穿，女孩会很固执地觉得你害怕跟她结婚，就是不爱她，其实，不想这么早结婚纯属个人选择，跟她一点儿关系没有。

王东东：扛不住就找哥们儿诉说，三言两语解决问题，反正"你懂的"。跟女人说这些是自找麻烦，她们会准备一百个为什么，直到把你问崩溃。

刘顺：没啥扛不住的。我最怕的是麻烦，最不怕的就是闷。

Q7：适当地向女生展示脆弱的一面，会唤起她的母性意识，让她更爱你。为什么不试试呢？

大头：你说的是姐弟恋吧？我怎么没感觉到身边的女孩有母性意识啊？

王东东：您可别毁人了，那是自取其辱。如果我说怕老鼠，她会笑我娘；如果我说怕通货膨胀，她会笑我没财商；如果我说害怕有眼袋，她更会说，你长得这么对不起观众，也不差多那两个眼袋。

刘顺：好像比较难，除非那个女孩已经特别成熟，或者大家接触很久，彼此了解像亲人一样。

第二部分

那些女生该知道的事

男生最容易讨厌
女生哪些毛病？

　　每个人都有毛病，没毛病那叫雕像。我们当然应该独立、自主、彪悍，不为任何人而活，然而这并不表明 21 世纪，美女们已经到了刀枪不入，不需要自我反思与改进的地步。看看男生最容易讨厌女生哪些毛病，瞧瞧他们是胡搅蛮缠，还是言之有理吧。

调查

　　通过 QQ、MSN、微博等方式，连线各地 20 ～ 28 岁的男士 78 名，向他们提出"你最讨厌女生哪些毛病？"，以下为答案精选。

　　9%：最讨厌女性吸烟。

　　26%：认为谈吐不雅的女生最让人无法忍受。不雅的标准，除了说脏话，还包括见面就问别人星座，在交往不深的情况下询问对方的收入、家庭经济情况等。

　　12%：讨厌女人小动作太多。比如抖腿、摸头发、整理衣服、补妆等。

13%：认为女人小题大做，动不动就生气是最差劲的毛病。

18%：认为在床上过分不拘小节的女孩最让人无法忍受，比如不刷牙就接吻，穿着袜子睡觉，内衣有破洞等。

22%：无法容忍女性出门前让男人久等或约会习惯性迟到。

男人真心话

出门前才想起来化妆、选衣服，并且一折腾就是20分钟以上。(小W)

偷看我的短信。太普通了？那再加一条，拷贝我的通讯录，动不动给我哥们儿打电话。（李小猫）

最讨厌一见面就问你什么星座的女生，神婆儿似的。（老迷）

说话时抖腿。据说这是神经质与不自信的表现。尽管这样的男人也不少，不过，女人这样做更加惨不忍睹。（ID不在服务区）

最受不了生点小气就玩失踪的女孩，以为这样就拿得住男人。男人与女人之间不是谁怕谁的问题，而是你懂不懂得沟通的问题。（李老师）

不分场合地煲电话粥。（小小人）

微博控。话说得好好的，忽然就冒出一句，我微博一下哈，然后

把你晾在一边，自己对着手机傻笑。（鲸鱼）

当着众人的面补妆。（桔子）

最讨厌女生的口头禅是"好好笑哦"。其实根本没啥好笑的，而且她说这话的时候，也没笑。（超级NB）

讨厌她早晨一睁开眼睛就扑上来亲我，就算爱得再热烈饥渴，也不差三分钟刷牙时间吧。（海豚）

把减肥挂在嘴上，好像不减肥的就不是女人。你问她吃什么，她总是答非所问又可怜兮兮地说自己正在减肥，然后等待你请求她随便点些食物，再然后，她就痛下决心、好像为你献身似的点一份又贵又高热量的食物。（文文）

男人说忙时
是不爱你了吗？

调查

据不完全统计，25～30岁的男性中，97.3%的被访者承认自己曾经以"工作忙"为理由推掉与女友的约会，而在20～25岁的男性中，只有62.1%。这是否说明年纪越大越狡猾？网友狐狸兔说："这说明男人年纪越大，压力越大，就越需要空间与时间，即使不是真的忙，也想自己安静待会儿。"不过，也有对此有不同的观点："荷尔蒙决定行动。男人25岁以后，精力就开始走下坡路，自然没那么大的兴趣天天跟同一个女生泡在一起。"

面对为什么选择"工作忙或学习忙这个借口"，而不选择"身体不舒服"或"心情不太好"，大家的回答是：

1. 确实很忙，对男人来说，打电玩、陪朋友吃饭也是工作的一部分。(4%)

2. 因为最简单，对方不会问太多。(48.2%)

3. 没有为什么，就是第一反应，随口而说。（21.3%）

4. 因为"忙"是成功男人的标志。(26.5%)

在本书所做的一项关于"男人的爽约借口"的调查中，"忙"高居榜首。学习忙、工作忙、生活忙，总之，当男人想从频繁或枯燥的约会生活中抬起头来喘口气时，90% 以上的概率会选择"我很忙"。藏在"忙"背后的是什么，女孩不可不知。忙也许是真忙，但忙到没时间约会，一定是不想约会。

男人真心话

如果他在没换工作也没换老板的情况下，忽然告诉你工作很忙，每周两次见面只能缩为一次，说明他对你的兴趣已经变淡。如果他忙到一两个月都没空见你一次，说明他已经劈腿。如果他忙到三个月都没空见你一次，就明摆着是等你说分手了。（小魔 29 岁 面点师）

男人的别称是大男孩，如果他因为要打电玩、打篮球、与朋友喝酒等事情而临时取消约会，并且告诉你自己最近工作忙，一说明你们在过去的时间段里约会频繁而单调，比如每次都是购物或看电影；二说明你提的要求太多，他感到压力很大；三说明他最近心情有些许郁闷。（燕青 25 岁 无业）

我不知道别人，我只知道我。刚追一个女孩时，就算出差晚上十点下飞机，我也会在十一点敲她的门，给她送上玫瑰，然后躲在她家楼下说点悄悄话，等追到手，尤其是半年、一年以后，就算是下午五点下飞机，我也懒得约她吃晚饭，先睡一觉再说。我的意思是，如果足够有激情，男人再忙也能抽出时间；如果一般有激情，能抽出时间的时候可能也要忙一下。但我不是机器人，不可能永远激情燃烧，再说，激情不代表爱情，希望我过去爱过的，以及我正在爱的女生能够理解。（静观 25 岁 日语翻译）

其实男人也有那几天。女人与男人比较大的区别是，女人越是心情不好，越期待约会，又哭又闹一阵子，她爽了，男人可郁闷了。我们在心情不好的时候，会找各种借口（主要是工作忙，因为这个借口比较堂而皇之）推掉约会。身为男人，我们没资格又哭又闹，更没资格以可怜换安抚，只能躲在角落里独自疗伤，为了日后精神抖擞地去约会。亲爱的女同学们，求你们网开一面，别再以揭穿我们的谎言为己任了。（王小满 26 岁 证券公司从业人员）

Tips

当男友开始频繁地说"牛仔很忙"，你必须清醒地认识到你们的感情已经进入一个新的时期，你需要以更成熟的心态去面对。如果他已经过了狂热期，你还是频频公主病，"分手"这个词就已经不遥远了。

男人的午夜电话
是爱你吗？

　　有些男人给女人的感觉是"昼伏夜出"。白天他们很酷很跩很沉默，一到 23 点以后，便像换了一个人。工作不再繁忙，时间不是问题，无聊的电话或者微信一聊就是一两个钟头。有些美眉认为这意味着喜欢或者追求，看看男人怎么说。

调查

调查对象：22 ～ 30 岁的未婚男士

你为什么喜欢在 23 点以后给女孩打电话（可多选）

忙完一天工作，需要休闲一下（22%）

睡不着，找个异性随便聊聊（35%）

喜欢她，想让她做我的女朋友（9%）

这个时间段比较容易感觉无聊（49%）

暧昧时段，身体需要（18%）

这个时间的女孩比较容易上钩（15%）

我们看到：只有很少的一部分男人在23点以后给女孩打电话，是因为想让她做自己的女朋友。

在什么情况下，你最需要在23点以后与异性电话聊天？

工作压力特别大的时候（21%）

出差的时候（46%）

失恋的时候（17%）

喝酒以后（16%）

我们看到：出差时候与喝酒以后，属于男人的生理亢奋期。高达62%的被调查者选择这种情况下打午夜电话，显然"性"意味很浓。

如果女孩没有接电话，你会怎么办？

忽略，去通讯录里再选一个女孩（53%）

发微信给她，尝试说服她与自己通话（28%）

看电视或睡觉（7%）

其他（去酒吧找女孩聊天等）（12%）

我们看到：23点以后，男人是荷尔蒙的俘虏。

如果你想追求一个女孩，让她做你的女朋友，会选择在23点以后给她打电话吗？

会，因为这个时间段女孩子比较心软，容易被攻克。（15%）

会，因为这个时间段男人胆子比较大。（4%）

不会，这容易给她留下轻浮的印象。（63%）

不会，这样做显得不够尊重她。（18%）

我们看到：大多数男人很清醒地知道，23点以后的电话与游戏有关，与爱情无关。

男人真心话

如果你的男上司喜欢在23点以后打电话给你安排工作，而不愿意等到第二天，说明他看上你啦。当然不是要与你谈婚论嫁的那种"看上"，而是想与你发展身体关系的那种"看上"。如果你既不想成为猎物，又不想得罪上司，最好每天23点以前关机。（当过经理的MR.WU）

有些很狡猾的男人会在半夜三更打电话给你，谈诗歌、谈电影，这是最危险的文青流氓，一定要立刻拒绝。否则他们总有一天会谈到情色电影，到那时候，你已经爱上他了。（易小文）

我愿意娶23点以前关机的女孩，可是，现在这样的女孩与处女一样少了。她们的解释永远是"没有关机是因为要躺在床上玩微博"，万恶的微博！（东东枪）

男人通常会选择那些对自己有好感的姑娘下手。如果他足够老奸巨猾，还会事先发微信，与你调调情，预热一下。如果你心中大喜，认为机会来了，就完全错了。即使你们不仅聊了天，还开了房，他也会推卸责任，说自己喝多了，或目前忙于事业无心恋爱。（怪蜀熟）

如果你男朋友的电话 23 点以后经常占线，他却告诉你自己在跟同事或哥们儿聊天，鬼才信呢！（老谈）

Tips

1. 英国《每日电讯报》的一项针对 5000 名男性的调查显示，大多数男性在晚上十点半左右"性致盎然"，确切地说是 22：16。

2. 美国哥伦比亚大学的一项调查显示，越来越多的男性依赖于电话调情，因为它"既不浪费时间"，又"不必增加开支"，更重要的是，"完事儿后可以立刻在自己的床上入睡"，而不必送女伴回家，或者留宿女伴。

3. "夜晚十一点以后给异性打电话，可视为男性精神出轨的重要方式。这时候，他们往往已经与女友互道晚安，接下来的时间，属于自己。"——美国心理学家保罗·艾克曼。

总结

1. 有些事情，即使有意外，也少之又少，并且在爱情中，我们不应该过分相信意外。

2. 23 点之前关掉你的电话，或者将它调为静音，看看究竟哪些表面道貌岸然的男人喜欢那么晚给你打电话。

3. 在孤独的空窗期，我们也许会依赖异性给予的那星火般的温存，但你一定要明白，星火就算燎原了，也是星火，而不是爱情。

当男人说想跟你私奔时，
他们是在说什么？

虬须客与红拂女，司马相如与卓文君，"私奔"一直华丽丽地存在于爱情经典之中。以前"私奔"是指女子未经婚嫁，与对方逃走。现在则通常指男女为了爱情抛弃一切，只为在一起。不久前，这个词因为一则微博事件而重新变得炙手可热。那些因为各种原因无法得到某个男人的女子，皆幻想自己的男人揭竿而起。然而，当"私奔帝"化身为"回归帝"，他说，私奔不是选择而是意外，它是一个偶然事件，是怯懦而非勇敢的产物。

调查：每个男人都有一个"私奔梦"
在爱情中，你曾经有过私奔的冲动吗？
没有（17%）
有（83%）

是否有过将"私奔"付诸行动?

有（21%）

没有（79%）

你的私奔冲动通常产生于哪种情况?

被爱绷得太紧。（35%）

劈腿后，不知如何面对旧爱。（26%）

太爱某个人，以至于想放弃一切与她在一起。（13%）

厌倦了某一个人，某一种生活。（17%）

恋情受到世俗观念的阻挠。（9%）

上面一题选择"没有"的同学，阻挠你们的是什么?

不是真的知道自己要什么，只是一时冲动。（39%）

内心纠结，缺乏第一推动力。（32%）

明白自己的责任，害怕世俗的目光。（29%）

我们看到：如果有男生对你说"我们私奔吧"，千万不要太感动。他多半不是因你而发梦，你只是恰巧走进了他的梦里，并且梦想变成现实的概率相当低。

男人真心话

"私奔梦"大起底

爱情有时真的让人很累，尤其面临责任的时候。对方会可怜兮兮地看着你，要房子、要车子、要铂金、要你一辈子只对她一个人好，而你却没办法顶天立地地说：我能！在与女友吵架的时候，我经常跟自己私奔。穿上好鞋，背上好包，买上酱猪手，关掉手机。不过，最多三五天，时间太长可能被"开除"。（旺旺 29 岁 自由职业）

我经常梦想与一个女孩私奔到农村或超级小的城市，现有的积蓄在那儿可以过得不错，随便再打点零工或上网卖卖土特产啥的，一辈子闲云野鹤，不关心金钱，不关心政治，不要孩子，不养老人。很多女孩对此表示了强烈兴趣，觉得我实在太浪漫了，但我知道，她们的梦醒得比我早，一醒来就会要房子、车子、结婚证、孩子。现在，"私奔梦"基本成了我的泡妞秘籍。（电线杆 25 岁 体育老师）

我的私奔梦是与小龙女一样的女孩一起，住在山洞里。这实在太不靠谱了，因为山洞里面一定有很多虫子，而我看到一只蟑螂都会恶心得吃不下饭。结论是：所谓梦想，就是越没可能实现，越要去想。（刘子琦 25 岁 公务员）

我的私奔梦是与一帮哥们儿浪迹天涯，遇到心仪的女孩子就爱一场，但不要长久的关系，更不要结婚。这个梦，从 15 岁做到 25 岁，不断有人背叛，有人回归。如今一些人在忙着准备结婚，再也不回来了。只有我，在原地等他们，一次像样的恋爱都没谈过。你说，相信梦想的人有多悲催！（小王 26 岁 列车乘务员）

据我了解，男人的私奔梦其实是被逃避的欲望驱使。大多数时候只是想想而已，但真把他逼急了，也能付诸实施。只是，那些与他一起私奔的女孩千万不要觉得自己有多么伟大。其实不是对你的爱成就了他的行动，而是另外一个女人愚蠢的咄咄逼人成就了他的行动。更别相信他的"成竹在胸"，私奔之后要怎么做，他根本从来就没想好。

（小木头 28 岁 酒店经理）

我们看到：对于男人来说，私奔是一种逃避现有压力的方式。然而，很快他们就会发现，私奔之后所要承受的压力比现有压力更大，这就可以理解为什么"私奔帝"最终总是退回自己的安乐窝。倘若有个男人与你谈私奔，你要对他说三句话：

1. 当逃兵的情种不是好男人。

2. 梦想不是面包，私奔不是成仙。

3. 姐是过日子的，不是演言情剧的。

前女友在男人的
心目中是怎样的？

　　男人失意无聊或心猿意马时，最喜欢勾引的是谁？答案为前女友。原因并非我们所想的那样，不是前女友更容易上手或者他们对前女友怀有更深的感情，而是在男人心目中，前女友是永远爱着他的那个人，能够随时给予自己温暖与自信。

调查
我们针对 100 位男士的调查，结果如下：

你认为前女友还爱你吗？
48%：不能肯定，应该还爱吧。
24%：爱。
19%：不能肯定，应该不爱了吧。
9%：不爱。

　　我们看到：有超过七成的男士倾向于前女友还爱着自己。这或许应验了一句话：男人比女人更浪漫。

　　如果前女友依然爱着你，却又与其他异性交往，你认为对他们来说公平吗？

　　20%：懒得想这些，只要知道她还爱着我就行了。

　　12%：不公平。

　　68%：无所谓，反正他又不知道。

　　我们看到：男人对同性是残忍的。

　　如果前女友告诉你，她已经不爱你了，你信吗？

　　36%：将信将疑，但宁愿选择不信，让自己心里舒服一点。

　　21%：信。

　　14%：不信，她一定是赌气。

　　29%：不信，女孩最喜欢说反话。

　　我们看到：将近四成的男性，即使明知道对方已经不爱自己，也会选择相信她还爱着自己。

　　你还爱着前女友吗？

　　45%：说不清楚。

　　32%：爱。

　　23%：不爱。

　　我们看到：他们对于自己的情感，远没有对于别人的情感那么肯定。

针对同一段感情，胡兰成写了《今生今世》，张爱玲写了《小团圆》。在胡兰成的笔下，张爱玲是那临水照花人，不仅有一颗多情的心，并且那多情，只是对于自己。即使最终分手，她对他也是"知"，而知胜于爱。为了反击胡兰成的沾沾自喜，张爱玲在《小团圆》中，明明白白地告诉对方，我不爱你了，我真的真的真的已经不爱你了。可惜，倘若胡兰成读至此处，多半只会含笑，认为这是一个女人因为太爱自己却又得不到，而表现出的怪癖与娇嗔。

男人真心话
前女友的爱是永恒的

我能够接受分手，但不能够接受她不再爱我。你觉得很奇怪？我也觉得。好像女孩子相反，比较能够接受对方已经不爱自己，却还是不能接受分手，对吧？从这个角度看，是不是男人比女人更感性？（楚哥 第 78 号被调查者）

我坚信前女友还爱着我。因为我给她写过几封邮件，她要么不回，要么冷言冷语，还在纠结过去的事情。恨与爱相伴相生，如果她不再爱我，就不会这么恨我。（刘某某 第 12 号被调查者）

我的很多朋友都喜欢勾引前女友，觉得跟前女友再发生点什么，天经地义。他们巴不得一辈子随时可以跟她发生什么。男人的占有欲是很强的，一时为女友，终生为女友，有些已婚男人甚至觉得前女友就是自己的二房。（阿明 第 29 位被调查者）

我比较想得开，不管你是不是真爱我，反正我觉得你还爱我就行了，何必跟自己过不去呢？我真的很难面对前女友不爱自己这个事实，那是一种真正的，万劫不复的背叛。相反，我比较容易接受她同时爱着几个男人这个事实。既然已经分手，那么，不管你爱几个，反正我是其中之一就够了。（王子 第93位被调查者）

我前女友说过一句话："我发现你比女人还自恋。"在男女关系方面，男人本来就比女人自恋。我们其实很容易相信女人说过的话，比如"我爱你"，只要她说过一次，我们就相信一辈子。这也是男人在感情方面比较不容易受伤的原因吧。我们不会给自己找麻烦，总是怀疑对方爱或者不爱——当然爱啦，我这样玉树临风的男青年，不爱我爱谁？（阿迟 第40位被调查者）

我们发现：爱或者不爱，自恋或者不自恋，其实不是问题。男人愿意做感情阿Q是他的事，关键是女人千万不要被迷惑、被引诱，当断不断，做他的"二房"。他认为你一辈子都是他的女人，绝不是因为他依然爱着你，而是太爱他自己。

为什么习蛮的她
比温顺的你更有男人缘？

为什么习蛮的她比温顺的你更有男人缘？为什么你总是顺从他，而他却选择了她？这种事情在生活中随处可见，却又让女孩百思不得其解。女孩的付出在男人那里容易成为习惯，但男人也不是受虐狂，他们最终选择的那个她，一定有一件事情感动了他。

调查

本次调查样本为 150 名男士，年龄 22 ~ 30 岁之间。居住城市主要集中在深圳与广州。

你如何衡量一个女孩是不是真的爱你?

看她是不是总想跟我在一起。（23%）

看她关键时刻是不是把我放在第一位。（41%）

看她是不是愿意为我花钱。（7%）

看她是不是愿意为我得罪人，尤其她的家人。（29%）

我们看到：关键时刻的态度让人印象深刻。

当一个女孩总是对自己的男朋友很好，你认为他的男朋友会怎么想?

她对我太好了，我应该努力回报她。（20%）

她人好，对谁都很好。（14%）

她这么看重我，说明我这个人还不错。（41%）

爱情就是一物降一物，谁叫她被我降住了呢。（25%）

我们看到：愿意回报"好女生"的男生，没有我们想象的那样多。

如果一个女孩每天给你洗衣服，你就觉得她对你很好吗?

会。这说明她很爱我。（21%）

不一定，这也许只说明她有洁癖。（27%）

刚开始的时候可能觉得很好，时间久了就习惯、无感了。（26%）

不会，洗衣服本来就应该是女朋友的事，没什么大不了。（16%）

我们看到：当你每天重复对一个人好，对方要么习惯了，要么觉得是个女人都会这么做。

她对你很好，但在你生病时，没有第一时间赶到你身边，你会因此否定她之前的努力吗?

会。关键时刻考验一个人。（59%）

不会。我更在乎平时的态度。（41%）

我们看到：有时候，一件事抵一万件事。

男人真心话

那些年，让我们感动的事

在选择租房子的时候，她主动提出把房子租在我单位旁边，理由是我加班比较多。本来我并没有觉得她怎么样，她比较懒，脾气也不太好，还喜欢熬夜打游戏，但这件事却把我征服了。身边太多租房买房的情侣，为离谁的公司更近一点而吵架。就算平时好得像仙女，关键时刻一点儿也不宅心仁厚，这样的女生不敢娶。（第 23 号男生）

她在我交往的女孩里面不算是出众的，但有一次我母亲病了，她偷偷从我的手机记事本里翻出了我家地址，以我的名义汇了两千块钱去。这件事让我产生了与她天长地久的念头。后来，每次两人闹矛盾，我都会想起这件事，一想，怒气就消了。我觉得男人与女人比较大的区别是，男人比较喜欢看大方向、看趋势，女人则更喜欢计较小事。（第 41 号男生）

我一直不觉得她是那种勤俭持家的女孩，甚至很虚荣，喜欢买名牌，衣柜里的衣服多得穿不了。当我得知自己被公司裁员，觉得她就算不把我甩了，也得跟我闹别扭，骂我没用。可她竟然没说什么，还把口袋里仅有的几百块钱给我了。接下来的一个月，都没上淘宝。她在我眼里由败家女变成关公、曹操、红拂女、武则天。这种大将风范，比那些平时总在省小钱的女孩有魅力多了。（第 90 号男生）

她有一个从小玩到大的闺密，有一段时间忽然不联系了，我问为什么，她说因为那个闺密不喜欢我。我当时对她肃然起敬，觉得她是真心喜欢我，才会为我跟闺密闹翻。虽然后来她们又和好了，我却总忘不了她那一次的侠骨柔肠。（第132号男生）

她性格不好，脾气坏，而且很自私，什么都要我让着她。我能忍她这么多年，是因为她很会在朋友、家人面前给我留面子，让我觉得她虽然有这样那样的缺点，但至少是理解我、怜惜我的。有些女孩相反，私下里对你好，在朋友、家人面前却让你下不来台，这让人很难受啊，她们不知道男人最重要的是面子吗？（第147号男生）

Tips

好女孩好一百天，坏了一天，她的坏被记住了；坏女孩坏一百天，好一天，她的好被记住了。坏女孩有人爱，因为她们明白关键时刻好一天，抵过平日里好一百天。做一个时时刻刻关怀他的田螺姑娘，只会让他觉得自己已经做得很好，担得起这份情谊；偶尔在他最脆弱的时候做一次仙女，才能让他记住你的好。

◯ 女追男应该吗？

有位女生，主动表白了 17 次，被拒绝了 17 次。她说："神啊，趁我的勇气尚未消弭，请赐一个不会拒绝我的男生吧。"勇敢是宝贵的，用一次少一次；技巧更重要，多用一次熟练一分。女追男这件事，不如让男生来教你。

调查
最恐怖的表白方式 TOP10

这次调查了 160 位男青年（年龄 22 ~ 31 岁），他们评选出女生最恐怖的表白方式 TOP10，欢迎对号入座。

1. 联合闺密一起在男生住处楼下大喊"某某某，我爱你"。

2. 喝得烂醉如泥，借着撒酒疯的劲儿表白。

3. 借助微博，却不用私信，而是通过"树洞"等第三方隔空喊话，嚷嚷得满世界都知道。

4. 在看恐怖片的时候，忽然歪倒在男生怀里，说我喜欢你很久了。

5. 一上来就使用"爱"这种超级吓人的字眼，更可怕的是说"我要嫁给你"。

6. 送男生很贵重的礼物。

7. "我没有谈过恋爱，你是我第一个有感觉的人。"超过 20 岁还这样说，要不是显得有点假，就是混得有点惨。

8. 让自己的亲哥或干哥，老妈或老爸出马，直接给对方一个下马威。

9. 以极度玩世不恭的态度表白，使人摸不清是在开玩笑，还是很认真。

10. 博客里写了十几万字，字字泣血琼瑶范儿。然后把这份沉重的礼物摆在他面前——大姐，我们好像还没熟到这个份儿上，你的痴情我永远不懂。

女追男 容易过犹不及

1. 聪明的女孩会创造机会，让对方来追自己。如果你创造了机会，他还是按兵不动，千万不要不甘心，悲剧总是从不甘心开始，以死了心结束。

2. 勇敢是优点，但女孩在爱情上太过勇敢，就无法判断他是真的喜欢你，还是缺乏决断力。要知道，懦弱的男生是无法给你幸福的。

3. 尤其不要让朋友或家人参与到你的倒追活动中，这会让男生感觉很没有面子。

4. 通常的爱情模式，女生会越爱越深，男生会越爱越浅，这正是女追男的风险所在。如果一开始，你就比他爱得深，最后只能做他的爱情俘虏。

5.男生的狩猎天性决定了他们以征服为乐,他喜欢什么样的女生,你就扮演什么样的女生,打动他的心,然后欲擒故纵,让他来征服你。

男人真心话

有杀伤力的表白

我觉得我女朋友就挺聪明的。我们差不多每天都会在食堂碰面,有一天,又在食堂门口碰见了,她说:"食堂的饭菜真吃腻了,我们出去吃吧。"我们真的就去了。相谈甚欢,相见恨晚,后来,她去洗手间,我悄悄把单买了。走出餐厅,她说:"我有两张电影团购券快过期了,明天你有空吗?"我说有。然后就顺利发展了。她一直嘴硬不承认她有追我,但明明是她比较主动啊。不过,她说了,如果那天晚上,我没有主动买单,她就不会提电影票的事。总之,女追男,女孩一定要聪明,不见兔子不撒鹰才行,千万不能上来就说"我爱你"。

(第58号被调查者)

大二的时候,老师布置作文,题目是《最想做的一件事》。有位女同学写:"我今生最想做的一件事就是做某某某的女友,哪怕一天、一个小时、一分钟也好。"老师很有爱心地在该女生作文后面评:"志向不在远大,贵在真诚勇敢。某某某,请给她一个机会吧。"然后将该女同学的作文本发给了那个叫某某某的男生。后来,他们恋爱了,再后来,他们结婚了。声明,我不是某某某,我是那个大学老师。这是我教学生涯中最得意的事情之一,要是碰个二百五老师,把这件事公布于众,恐怕会是另外一个结果。(第91号被调查者)

　　女追男，应该是引诱为主，抓捕为辅，直接挑破会比较被动。第一次，约他参加你与朋友们的聚会。第二次，约他参加体育活动，打球啥的。第三次，约他看电影。如果三次他都答应了，并且你的感觉良好。第四次，一定要等他来约你。如果他不约你，你就死心吧。他要么是根本不喜欢你，要么是只想玩暧昧。（第105号被调查者）

　　男追女，越浪漫，花样越多越好，女追男则根本没必要，程序搞得越复杂，失败几率越大。最简单有效的是悄悄写一封电子邮件给他，说"我喜欢你，请问你意下如何？"或者说"我可以做你女朋友吗？如果可以，明晚七点小树林见。"即使被拒绝了，也是你们两个人的事，大家再见还是朋友。（第134号被调查者）

为什么男人
跟有些女人藕断丝连？

　　男人最喜欢玩的游戏是藕断丝连，最让女孩悲痛欲绝的也是藕断丝连。藕断丝连这件事，说起来不大，却是谁碰上谁倒霉。因为你的敌人是团棉花，你出拳轻了，它没反应；你出拳重了，你没形象。

调查

　　针对很多网友所反映的"男人与前女友或前暧昧对象藕断丝连的可能性很大"的问题进行追访调查，本次追访了100位男士，年龄22～34岁，让他们对此问题给予最为坦诚的回答。

你与女友明确表示分手后，还会与她联络吗？

会联络，分手亦是好友。（34%）

不会主动联络，但如果她联络，我也不拒绝。（57%）

绝不会再联络。（9%）

我们看到：在这件事上能狠下心来的男人比会上树的猪还少。

如果现女友很介意你与前女友有联络，你还会继续吗?

会，我跟前女友又没做什么亏心事。（31%）

会，鹬蚌相争，渔翁得利。（7%）

不会，多一事不如少一事。（45%）

不会，毕竟还是有点理亏。（17%）

我们看到：偏执男比我们想象的还是要多一点，但总体来说，现女友比前女友重要。

如果前女友愿意或者主动，你们之间还会有亲密接触吗?

会有。（11%）

有可能。（62%）

绝对不会。（27%）

我们看到：所谓有可能，其实是"会那样做"的可能大于"不会那样做的可能"。

你认为男生与前女友藕断丝连，是出于什么样的想法?

旧情难忘。（15%）

盛情难却。（21%）

没什么大不了的，还能联系，说明已经不介意。（64%）

我们看到：绝大多数男性保持与前女友的良好关系是出于一种社会本能：多一个敌人不如多一个朋友。

男人真心话

藕断丝连的深层原因

什么叫藕断丝连？好难听。其实，就是一个与你曾经很要好的人，因为最终目标不同而在某个岔路分开了，又没有反目成仇，有什么不能联系的呢？如果她与前男友有联系我会不会介意？嗯，那要看她的前男友是什么样的人了，可不是每个男人都像我这样纯洁的，有些男人跟前女友联络，是想占便宜。这个，我得帮她把把关。（第12号男生）

这事不能总怪男的。我很多哥们儿，都是因为前女友主动与他们联络，才有了所谓的藕断丝连。你说人家姑娘都不介意，再见依然是朋友，你一个大老爷们还那么小心眼，是不是太让人瞧不起了？但放在现在女朋友这边，就会一味责怪你不专一什么的。其实根本不搭边，对吧？（第26号男生）

我前女友就很奇怪，她自己已经有男朋友了，却还时不时地约我吃个饭，两人也没多少话可谈，至少我觉得没什么说的。最后一次吃饭，她说要结婚了。我说："你看你要结婚了，我也有女朋友了，要不以后就别见面了吧。"她表现出的伤心与愤怒超出我的想象。你说碰到这种情况，能怪我吗？男女有别，女孩可以对前男友说"你以后别来找我了，我男朋友不高兴"。男人如果这样对前女友说，真觉得很没面子，而且会被前女友恨死。（第61号男生）

所谓藕断丝连，一般都是现女友小题大做的结果。男人是社会动物，当然不希望得罪谁，老死不相往来那种事，有点素质的男人都做不出。难道你希望你男友是极品？那种跟前女友联系着又在一起的男人的确有，但这种男人，即使不跟前女友乱来，也会跟别人乱来，反正不是你的。所以我觉得女孩子为这个而纠结是挺幼稚的，不过，爱情都是幼稚的。（第 77 号男生）

如果你男朋友跟前女友藕断丝连，你最好的办法不是一哭二闹三上吊，而是跟那个女孩成为朋友。我身边就有这样的狠角色。我发现两个女人之间很容易成为朋友，尤其当她们可以八卦同一个男人的时候。虽然我不理解为什么会这样，但这一招真是我见过最狠的。（第 90 号男生）

同学会中的爱情
靠谱吗？

同学会很容易演变为男同学的"变身会"，以前木讷的如今成了"段子先生"；以前高不可攀的，忽然表白："我一直喜欢你"；以前正直的有为青年，明明有了女朋友却要与你去开房。有没有觉得男同学特别热衷于同学会？对他们来说，同学会仿佛是一场特殊的福利。

调查
同样的问题，男女会有什么不同反应？我们带着 5 个问题，分别采访了 50 位男女，他们的年龄为 22 ~ 30 岁。

你在同学会上遇到过异性同学的表白吗？
遇到过。（男 11% 女 67% ）
没有。（男 89% 女 33%）
我们看到：无论同学会是外遇会还是暧昧会，男生都是绝对的始

作俑者。

你同意"同学会就是外遇会或暧昧会"这样的说法吗?

同意。(男43% 女29%)

不同意。(男38% 女45%)

部分同意,年纪越大,同学会越不单纯。(男19% 女26%)

我们看到:男生比女生更认可同学会的暧昧实质一些。

如果你准备结婚或已经结婚,在同学会上遇到过去喜欢的同学,会向他(她)表白吗?

不会,又不可能在一起,表白挺无聊的。(男7% 女41%)

不会,将感情藏在心里更美好。(男22% 女35%)

会,即使不能在一起,一定要让对方知道。(男39% 女13%)

会,即使在一起一天也是好的。(男32% 女11%)

我们看到:男生比女生拥有更强的进攻性,并且更多的男性持有及时行乐的态度。

你认为同学会上暧昧一把,甚至一夜情,是逢场作戏还是真情流露?

逢场作戏较多,因为大家都喝了酒。(男13% 女24%)

真情流露居多,毕竟同学感情是很纯真的。(男28%　女35%)

说不好,一半对一半吧。(男59% 女41%)

我们看到:男同学特别喜欢把逢场作戏说成真情流露。

男人真心话

我周围通过同学会泡妞的男生还真不少。当然主要内容是同学会，顺便泡一下妞，得手的几率通常很高，而且很少需要善后。同学会后，大家各奔东西，自然而然就断了，再见也不会成仇人，毕竟同学感情不仅最纯真而且割不断。（第7号男生）

我觉得说男同学故意通过同学会泡美眉的人，挺腹黑的。我的切身体会是，其实没想泡谁，就是那种氛围，特别容易激起回忆，容易动感情。一动感情，就把对某个女同学的好感夸大成了暗恋多年什么的。而女同学也怪怪的，明明有男朋友，但特别缺爱似的，我刚表白，她就热烈回应，好像感情比我还埋得深。只能说，做同学的时候，太纯真了，不做同学的时候，就容易乱来吧。（第11号男生）

但凡成熟点的男人，都不会把同学会上的感情当真，除非两个人都单着，但就算这样，开花结果的也不多，毕竟大家都过了那个年龄，往往相处越深越失望。（第15号男生）

我真的挺喜欢参加同学会，倒没有梦中情人，而是会惊讶地发现有些当年像丑小鸭一样的女同学，如今成了白富美，然后她与你的关系又那么特殊，如果不是老同学，我可能连与她说话都没勇气，更别说表白、征服了。（第32号男生）

　　如果我有一个妹妹，我会告诉她，不要在同学会上选男友。同学会上，女生怎样我不了解，男生是酒不醉人人自醉，平时戴着面具，同学会上会刻意释放最为感性的那一面，把理智完全扔开。谈起情来，难免夸大其辞，而且基本没兴趣考虑后果。同学会就是一场梦，你不当真，没意思，你太当真，也没意思。（第45号男生）

　　我们看到：如果你是我妹妹，我要告诉你，别相信同学会上的男人，他们表现出的往往是最可爱却最不可信的一面。

什么脸
叫家暴脸？

家暴听上去是一个离我们遥远的词，但如果你以为只有农民才搞家暴，则是严重的阶层歧视与见识短浅。"三高"男人也有家暴狂，白富美也会遭遇家暴。家暴并非不可防，让男生告诉你，什么样的男人长了一张家暴脸，而对家暴男，你又该怎么办。

背景

李阳家暴离婚案一审判决，证实家暴存在，判定李阳财产分割1200 万给前妻 Kim。仅仅十天后，李阳忽然全盘推翻一审判决内容，表示 Kim 先家暴自己，比如抱怨长达几小时，反锁房门不让自己入内，对正在演讲的自己扔菜叶，在这种情况下，他才把老婆打得鼻青脸肿。就算家暴，那也是双方的。

李先生的辩解不由得令人心有余悸，如果太太在情感得不到满足的时候耍耍小脾气就要被家暴，女人还敢结婚吗？

有人说李阳长了一张"家暴脸"，家暴脸究竟是什么样，让下面这些男生告诉你。

调查

本次采访了 100 位男性，

谈谈那些有暴力倾向的哥们儿。

你身边有打过女朋友或太太的朋友、同事或熟人吗?

没有（39%）

有（61%）

我们看到：虽然一百个人里可能只有一个家暴者，但家暴还是比我们想象的普遍。

你认为什么是家暴?

经常殴打对方。（42%）

打一次也算家暴。（45%）

无缘无故殴打对方或在对方没有犯很严重错误时殴打对方。（13%）

我们看到：以为打一次不算家暴的大有人在。另外那13%，更是让人吃惊。就算对方出轨了，也不能用拳头解决。请记住，人生而自由平等。

你所见到的家暴男，通常有什么特点（可多选）?

性格内向，观点偏激，不合群。（19%）

爱喝酒，并且习惯于酒后闹事。（53%）

特别自以为是，难容不同意见。（20%）

成长于家暴家庭，小时候经常被父亲打骂。（37%）

男尊女卑思想严重，经常表露出对女性的不尊重。（45%）

爱冲动，易情绪失控。（28%）

我们看到：酗酒男人家暴概率最高。

如果你有一个女儿，你最不能容忍的是他嫁给以下哪类男人？

事业屡屡失败，造成性格怪异的。（22%）

酗酒者。（58%）

争强好胜，哪里不平哪里踩的愤怒青年。（2%）

事业有成，但性格古怪的。（13%）

他父母性格古怪，关系紧张，经常互相厮打。（5%）

我们看到：都是性格古怪，人们对于事业有成者更宽容。

男人真心话

我打过女朋友一次。是她先掴了我一掌，虽然没打疼，像挠痒似的，但我想都没想就回了她一掌，她一头倒在地上，嘴角出血，头也撞破了，去医院剃了头缝了针。后来虽然和好了，我也再没打过她，但好多次，她说梦见我打她了。我很内疚，家暴对女性造成的心理伤害确实很大。（第12号被采访男生）

不断有男人家暴，是因为女孩对家暴太能容忍了。据我所知，基本上在第一次家暴时，女孩都会选择忍，从自己身上找原因。吵架当

然是双方的原因，但男的打女的无论如何都应该一票否决，让他明白这件事情绝对不能干。（第29号被采访男生）

我一哥们儿说，每次他打完他女朋友，他女朋友都会特别爱他。那个女孩特别闹，公主病，不捶一顿根本治不住。（第45号被采访男生）

家暴脸很容易辨认，而且基本上在婚前都已经犯过病了，女孩还是选择嫁给他们，因为他们也有过人之处。据我观察，家暴男基本都有一个特点，就是好起来不要命，坏起来不要脸，情绪起伏不定，显得特别有激情，有些女孩就好这一口。（第80号被采访男生）

我身边有暴力倾向的哥们儿找的女朋友一个比一个漂亮，家境也好，还看他们爱得死去活来，更让人心理不平衡的是，他们想换女友就能换，不像咱，死守一个都守不住。家暴男一般外表比较MAN，江湖义气很重，爱喝酒的多，如果你有一个这样的男朋友，结婚请谨慎。（第81号被采访男生）

如果我是女的，也觉得家暴男挺难对付，因为他们打完女朋友后，又特别会讨好她，海誓山盟，说的尽是女孩爱听的话。我认为女孩应该一开始就给男友设底线，打人就是底线之一，不论什么情况下，你如果打了我，请自觉滚开，老娘绝不原谅你。女孩一定要对自己狠一点。（第95号被调查男生）

Tips

　　很喜欢"女孩要对自己狠一点"这句话，我们姑息家暴男的原因，不一定是爱，而是放不下自己的付出，并且圣母病发作，以感化他、教育他、改变他为己任，却不知道这根本于事无补。

男人
最忌讳女人什么？

　　京漂男生"晓风科科"，2012年被"嫌贫爱富"的女友甩掉，七八年的感情，说没就没了。当时女友母亲的一句话深深刺激了他，她说现在没房没车，谁会结婚啊。家产过亿的人，都上门提亲了。"我现在依然相信爱情，有憧憬和希望。但生活既然走到这一步，有些物质的东西也应该有。作为一个男人，我应该把生活需要的东西准备好，我再也不想让我的爱情，接受现实生活的考验，我不想让人丑陋的一面暴露出来。"晓风科科说。他在望京论坛上那个热帖名为：2013，好好混。这篇置顶帖引起了网友广泛的关注和讨论，都说女人给男人唯一的重创是拜金，那么女人在和男人交往时应该怎么看待对方的物质条件，而男人对此又有什么看法？

调查

你认为现在的女孩是否对钱看得太重?

是的,女孩普遍势利,把金钱看得比爱情重。(73%)

大部分女孩把钱看得很重要,但我身边还是有李安太太那样不看重钱,看重人的女生。(19%)

贪财的只是一部分,大多数女生还是看重感情。(8%)

我们看到:绝大多数男性认可"女生过于拜金"。

你认为女生看重物质,主要是出于什么样的考虑?

虚荣心。现在社会普遍认可的就是物质条件,女孩找个穷男友,觉得面子无光。(13%)

从众心理。社会风气就是这样。(29%)

好吃懒做。干得好不如嫁得好,女孩不想通过自己的奋斗达到物质生活的丰富。(26%)

父母逼的,尤其丈母娘通常极其势利。(32%)

我们看到:大多数男性认为女生看重物质是攀比虚荣,而不是实际生活需要。

如果你的朋友因为太穷,被女友甩了,你的首选安慰方式是什么?

给他讲李国庆的故事(李国庆被女友抛弃后,奋发图强,创立了当当网。当当上市的时候,他特意分给前女友"亲情股",表示如果没有她的"刺激",也没有今天的他)。(52%)

陪他喝酒,陪他醉,陪他哭。这时候,他需要的不是安慰而是陪伴。

（27%）

替他去把那个女孩骂一顿。（6%）

告诉他世界上还有不贪财，只贪人的好女孩，并且举例说明（手头一定要常备几个这样的案例）。（15%）

我们看到：普通青年逆袭的主要动力是嫌贫爱富的前女友。

如果你是女孩，会跟一个收入与家境都不如自己的男生结婚吗?

A. 如果我非常爱他，我会跟他结婚。（26%）

B. 如果觉得他是潜力股，我会跟他结婚。（35%）

C. 如果他特别爱我，我会跟他结婚。（13%）

D. 不会。（26%）

我们看到：现实面前，其实男女平等。

男人真心话

你的物质我的痛

她总说我小气，不舍得为她花钱，其实我只是反感她见什么都买的败家劲儿，尤其那些没用又很昂贵的玫瑰花、布娃娃、手工皂什么的。为了证明我不是小气而是理智，我买了一只十几克的金手镯准备送给她做生日礼物，可就因为情人节我没送花，另外一个男生送了花，她就投入人家怀抱了。好吧，金手镯我送给我妈。你贪财没问题，但不可以因为一束玫瑰花就觉得他比我有钱，这是智商问题。（第7号被调查男生）

我骑的是自行车，我女朋友要坐宝马，等着我买宝马显然是个漫长的过程，于是她找开宝马的去了。痛苦肯定是有，至少半年时间，我都不敢一个人待着。慢慢走出来，我觉得自己这辈子没太大可能买宝马，就跟一个家境很不好的女孩恋爱了。在我前女友眼里，我是正宗屌丝，现在的女友却觉得我至少算半个高富帅。我也没什么可自卑的，高攀是人家的本事，我低就总行了吧。（第21号被调查男生）

我当年太天真，以为赚一块钱给人家花一块，就是爱，后来才发现女孩早不这样想了。人家的想法是，赚一千万的能给我花一万，也比你赚一块就给我花一块强。爱得再深有什么用？所以我现在根本不付出真情，一门心思赚钱，等钱赚够了，不愁没人爱我。（第37号被调查男生）

前女友跟我谈分手，一直没告诉我她其实已经跟一个富二代好上了，而是不停地强调她父母嫌弃我家里条件不好，害得我与我父母几次三番跟去她家，拎着贵重的礼物，赔笑脸说好话。知道真相以后，我质问她为什么这么做，她说怕伤害我，不敢告诉我她已经不爱我了。什么爱不爱的，我的一个哥们儿说得很对，只要你肯在女人身上持续地花钱花时间，她们就会爱上你。（第56号被调查男生）

分手的时候，她送还我给她的礼物，我说你留着吧，做个纪念，她竟然回答："相书里面说了，不要留些破烂在家里，影响财运。"这就是曾经说爱我的女人，说要跟我一辈子的女人。我不能拼爹，只能一点点奋斗，财富积累是慢了点，你要找有钱人也请便，但不能觉

得我没钱，不能马上发财，就是对不起你，就是伤害了你，就要被你踩在脚下。（第81号被调查男生）

Tips

我们看到男人对女人看重物质是非常敏感甚至是尖锐的。不管是恋爱还是婚姻，牵扯到金钱等物质问题，一定要三思而后表达，不然可能损失了自己的形象甚至是一段感情而不自知。

男人对你的犹豫
是拒绝吗？

男人拒绝女人的确不那么容易，但他们也远远不像我们想象的那样容易妥协。不主动、不拒绝、不负责任几乎是天下男人的通病。对女孩来说，对方不直接拒绝，当然比拒绝还糟糕，但我们也需要想想，男人对于拒绝这个词有什么不同的表达形式？

调查

样本数：100

年龄：21 ~ 28 岁

性别：男

你如何看待女追男？

很正常，有男追女就应该有女追男。（55%）

不喜欢，感情的事情还是应该男生主动。（12%）

是正常现象，但放到自己身上还是不习惯。（23%）

不太好，成功的概率比男追女低。（10%）

我们看到：尽管男生在心理上对于女追男的接受程度比较高，但放到现实中，还是有近五成的男性认为女追男"不那么合适"。

你拒绝追求自己的女生时，会选择下面哪个借口？

我没房没车，给不了你想要的幸福。（26%）

我也挺喜欢你，做我好朋友吧。（36%）

我还无法忘记前女友，给我点时间。（15%）

你太好了，我觉得自己配不上你。（23%）

我们看到：做自己喜欢的男人的好朋友是最无聊的事。

认为女生对于拒绝迟钝的请举手。

比较迟钝。（46%）

很迟钝。（28%）

不迟钝。（26%）

我们看到：超过七成的男性认可女生读不懂他们的拒绝。

你为什么不直接告诉女孩，我不喜欢你或者我们之间不可能？

怕伤她的面子。（21%）

给自己留条后路，万一找不到合适的，她也可以凑合。（29%）

我自己都不能确定是不是不喜欢她或者我们之间不可能，只是现在给不了她想要的。（43%）

直接拒绝女孩，显得男人很小气。（7%）

我们看到：那些说男人很明确知道自己要什么的人，其实根本不了解他们。

男人真心话
拒绝应该怎么说出口

我说我现在没房没车，不考虑爱情，你说你家有钱，可以帮我解决，而且你不排斥裸婚，我还能怎么说呢，直接说你不是我的菜，情商也太低了吧？我觉得拒绝的话，说一次就够了，找借口也好，找理由也罢，男人不兴高采烈地说"我也喜欢你"，就是拒绝。你一次次逼问，一次比一次憔悴，让我怎么能够一次比一次狠心地拒绝你，只能找点你喜欢听又不违背我原则的话。到头来，就被你说成喜欢玩暧昧的渣男，这好像不科学。（34 号被调查者）

我承认，在你说你喜欢我的那一刻，我忽然对你有了点感觉。之前一直把你当哥们儿，如今发现你也挺女孩的。但你得让我慢慢搞清楚，这种感觉究竟是不是爱，你急急忙忙就要做我的女朋友，还让我带你回家见父母，我除了一拖再拖，也没别的办法。你说我有话不直说，但你的节奏是不是合理呢？你是不是考虑到了我的感受？（43 号被调查者）

女孩总嫌男人不爱说拒绝，但人家真说了拒绝的狠话，她们又受不了，会责怪这个男人没有绅士风度，心太狠，不会说话等等。就像女人总让男人别骗自己，其实她们喜欢听的又都是一些骗人的话。（70 号被调查者）

　　我一直不理解女孩说的拒绝是什么，人家没有满口答应不就是拒绝吗？就像你约一个人吃饭，人家说我今天肚子不舒服，只能在家喝稀饭，你觉得这不是拒绝？非逼人家说不去，还要解释为什么不去。其实女孩总觉得男孩暧昧，是因为她们自己不愿意面对现实，不愿意认输，不愿意解读人家温和话语下的拒绝；相反，总是朝有利于自己的方面想，步步紧逼，最后自己吃了亏，就说人家从一开始就对她不明不白。（83号被调查者）

　　我觉得女追男就像打出租，只有那些干干脆脆地为你停留的车，才是真正愿意搭载你的，只要有半分犹豫，上车后都会一番讨价还价，最终不欢而散。（89号被调查者）

　　好男不跟女斗，在女孩面前，我的确不善于说狠话，说不出口，所以经常会被对方误解为不主动不拒绝，但你们不觉得男人不主动就是一种拒绝吗？你约我看电影，我说好啊，但我没主动买票呀，这就说明我拒绝了，如果我喜欢你，肯定会主动买票的。我没答应做你的男朋友，你很难受，所以想让我陪你看场电影，我尽义务好了，但你就能把这个理解成我想占你的便宜，实在奇怪。（95号被调查者）

Tips

究竟是男人太喜欢暧昧，还是我们总心存幻想？究竟是他们不懂得拒绝，还是我们的理解力有问题？男人是社会性动物，不习惯把话说死，更何况，暧昧的局面总是更有利于他们，这是人类的避险天性决定的。而就女孩来说，理应选择最有利于自己的理解方式，那就是只要对方有一丝一毫的犹豫，我们都应该停下来，等待对方的反应。

那个藏起来的 QQ 号
他干什么用？

QQ 号是女孩监控男友的重要渠道，你不仅经常去他的 QQ 空间寻找蛛丝马迹，甚至掌握了他的密码。某一天却发现他有另外一个 QQ 号，"一切尽在掌握"的感觉轰然坍塌，信任危机时代到来。男生 QQ 小号是不是泡妞专号，当我们发现时，应淡定处置还是不依不饶？男生告诉你 QQ 小号的秘密。

调查

就此问题访问了年龄 20 ~ 28 岁的 100 名男性。

女友知道你的常用 QQ 的密码吗？

知道。（68%）

不知道。（32%）

我们看到：女朋友的势力范围相当大，对男朋友隐私的掌握也比较普遍。

你至少有一个女友不知道的 QQ 号吗?

是的。（42%）

没有。（58%）

我们看到：光明磊落的男生占大多数，这世界还是有希望的。

你拥有的保密 QQ 号的数目是多少?

1个。（72%）

2个。（19%）

3个。（6%）

3个以上。（3%）

我们看到：大部分男生都规规矩矩，但依然有少部分男人狡兔三窟。

那个女友不知道的 QQ 号，你主要用来干什么?

打游戏。（10%）

泡美眉。（16%）

与女孩正常聊天，女友太小心眼了。（32%）

用来说不想让女友知道的话，不是情话，而是哥们儿之间的话或者发牢骚之类。（24%）

无确定用途，备用。（18%）

我们看到：近半数男生的秘密 QQ 号的确是为女孩开的，却不是你们想的那样。

男人真心话
我们其实只是想要个人空间

我确实有一个保密 QQ 号，上面只有两个人，都是我的前女友。我不怎么上那个 QQ 号，人家也没什么时间搭理我。但偶尔上去看看，发现她们的头像亮着或日志更新了，我就挺开心的。本来，上面应该有三个人，有一位前女友死活不愿意加我，唉，太小心眼了。（第 3 号被调查者）

我另开一个 QQ 号，是被女人逼的，一是我妈，二是我女朋友。我妈只要看到我在线，就找我说话，她打字慢，话多，还不着调，动不动唠叨我挂在 QQ 上，不好好工作。我妈的观点是只要上 Q，就得说话，其实我挂着，有时候一天也没说一句话。女朋友以分手为要挟要走了我的 QQ 密码，理由是她的好朋友们都知道自己男友的密码，还说只要我把密码给她，她保证不窥探我的隐私，这话谁信谁死。（第 15 号被调查者）

她不仅经常登录我的 QQ，还假装成我，跟我的朋友聊天。后来被朋友们发现了，笑话我，她还挺得意的。就因为这个跟她分手，不划算，吵架又吵不出啥结果，如果你是我，会怎么做？（第 37 号被调查者）

我一直有两个 QQ 号，现在的女朋友只知道一个，倒也没什么可隐瞒的，只是没必要全告诉他。QQ 不就是个联络工具嘛，她能联系

上我就行了。我承认，潜意识里，我挺抗拒什么都告诉她的。男人嘛，总要多一点自由，多几个选择。（第 50 号被调查者）

欺君是死罪，被女朋友发现隐私 QQ 号，基本也差不多。我相信任何一个男生，哪怕他不是用隐私 QQ 号泡妞，也不敢拍着胸脯说，我把所有的聊天记录给你看，以证清白。无论女同学还是女同事，免不了有几句暧昧的话，何况你还有可能向哥们儿吐槽女朋友呢。我觉得男人有个私聊 QQ 号不是错，女人发现后不依不饶也没错，错在腾讯。（第 81 号被调查者）

我身边的确有分别用不同的 QQ 号与不同的女朋友联系的人，但据我所知，这种游戏玩不过半年，技术上倒没什么难度，时刻保持清醒却真不容易，最苦的是几个女朋友同时在线时，窗口太多，弄不好就把给张三的话发给李四了。（第 90 号被调查者）

我申请 QQ 小号纯属叛逆，她什么都想知道，我偏要有点她不知道的事。我周围很多男生都有 QQ 小号，大家流行说，加我小号，气氛很快乐啊。这是男人的革命，女人不懂。（第 98 号被调查者）

Tips

发现男友有一个 QQ 号却没告诉你，与发现他有一个儿子却没告诉你是两码事，除非你有其他证据证明他劈腿。

男人并不会因为你多给他一点自由，他出轨的概率就会大一点。相反，你多给他一点自由，你的尊严就能保存得多一点，这对于你是有利的。当然，大多数公主容忍不了此事，是因为感觉被忽视，"我原来并不是皇太后"这种想法让她愤怒，可是，你本来就不是皇太后嘛。

当男生听到"我不喜欢你妈"
他们怎么想？

婆媳关系不是从结婚开始，许多恋爱中的女孩，已经跟婆婆"杠"上了，而他们的男友，提前成为婆媳时代的夹心饼。男孩对于不喜欢自己老妈的女孩怎么看，当你明明白白地告诉他"我不喜欢你妈"，他与老妈疏远还是跟你疏远？

调查

我们就此问题调查了 200 位男士，得出以下数据。

女朋友表达过"我不喜欢你妈"吗?

经常说，挂在嘴边。（16%）

说过，不多。（52%）

没有说过，她跟我妈相处得挺好。（19%）

嘴上没说，行动表现出来了。（13%）

我们看到：直率、勇敢的女孩很多，难怪有人说如今的男孩是弱势群体，其实最弱势的是男孩的妈。

当女朋友说"我不喜欢你妈"时，你通常会说什么？

什么也不说，说了肯定吵架。（44%）

问她为什么，要她说出理由。（27%）

说"你不喜欢我妈很正常，你只要尊重她就行了"。（19%）

回敬"我也不喜欢你妈（爸）"。（10%）

我们看到：沉默果然是男人的法宝，像一个罐子，能够包容所有的不满。

你认为女朋友不喜欢你妈的原因是什么？

两人气场不合，我妈也不喜欢我女朋友。（27%）

我妈确实不讨人喜欢，如果她是别人的妈，我都不喜欢。（19%）

同性相斥，女朋友与老妈是天生的情敌。（43%）

我女朋友太霸道，莫名其妙。（11%）

我们看到：同样的问题，拿给已婚男人作答，一定不是这样的结果——爱情让男人宽容。

你女朋友现在就不喜欢你妈，你对你们将来的生活还有信心吗？

没问题，反正以后也不住在一起。（16%）

无所谓，现在哪有和谐的婆媳啊。（18%）

很烦，没信心。（29%）

走一步看一步，关键还是要看两个人的感情，感情好怎么都行。

（37%）

我们看到："前婆媳时代"的不和谐的确困扰很多男生，但感情依然是他们的首选，如果感情好，什么都能忍，问题是感情无法保鲜，问题迟早会来。

你是否将孝敬老人（尤其你的父母）作为重要的择偶条件？

当然，不懂得孝敬老人的女孩再漂亮也没用。（21%）

标准之一，但不是重要标准，如果她其他条件好或者我们很相爱，这个标准可以降低。（44%）

无所谓，面子上过得去就行。（26%）

没有，我自己都做不到孝敬老人。（9%）

我们看到：身为儿子的爸妈，好惨。

男人真心话

珍惜敢于说"我不喜欢你妈"的女孩吧，她们至少是率真的。有多少女孩是嘴上不说，行动较劲，婚前装圣女，婚后成泼妇，打得你措手不及。（第 37 号被调查者）

我女朋友已经跟我明确说了，不喜欢我妈，结婚以后不住在一起，不让我妈带小孩，逢年过节才可以陪我去看我妈。我当然不舒服，但她家是城市的，我家是农村的，她说的那些问题，比如我妈不会说普通话，农村习惯多，又的确存在，所以我只能忍了。现在想找个喜欢婆婆的女孩，比找恐龙还难。（第 60 号被调查者）

"我不喜欢你妈"这句话，不同的语境，效果不一样。如果我妈做得过分，我跟我女朋友都有想法，聊这件事的时候，她随口说出这句话，我不会反感。但如果啥事都没有，请你去我家，你以此为由拒绝，或者我妈对你献殷勤，你像女皇似的，我责怪你，你还要说句"我就是不喜欢你妈"，我肯定接受不了。（第84号被调查者）

这句话，我女朋友只说过一次。当时我就跟她说："宝贝，别担心，我妈也不喜欢你。"她眼睛瞪得老大，质问我妈什么时候说的，为什么。我说："我妈没说，是我想的。你们互相不喜欢，挺好的，反正又不是你俩结婚。走，老婆，下楼吃烧串去。"她闷闷不乐，我假装不知道。后来，她再没说过这句话。

本来嘛，你跟我说不喜欢我妈是什么意思啊，我又不能为了你换个妈，这是基本的修养问题，你可以说她有什么问题，就事论事，不要动不动上升到喜欢不喜欢，谁稀罕你的喜欢了?（第107号被调查者）

我在带她去见我妈之前，跟她谈了一次话。大意是，你不喜欢我妈可以，我有充分的心理准备，反正你喜欢我就行了，我妈是搭送的，这辈子我肯定是没希望换妈了，你凑合一下吧。她被吓住了，以为我妈特威严，后来见面，发现我妈挺和蔼的，她就放心了，根本没空考虑"我不喜欢你妈"这件事。有些男生太傻了，把自己老妈说得跟女神似的，还口口声声要人家孝敬自己的妈，她不过敏才怪呢。（第152号被调查者）

Tips

　　"我不喜欢你妈"这句话的作用有两个，一是发泄情绪，二是制造矛盾。尽管大多数男生对此表示理解，但损人又不利己的事，聪明的姑娘还是不要做。

男人为什么
会对你小气？

很多网友反应，如今小气的男孩越来越多，比如相亲只去
KFC，第一次约会要求 AA 制，女孩一说逛商场他就腿软等等，关键
还不是真的穷，打游戏买装备、骑行去西藏、母亲节给老妈买礼物，
他都能挤出钱来。男生花钱越来越谨慎，处处要跟女生讲平等，他们
究竟是怎么想的呢？

调查

在做这个调查之前，其实十分担心，觉得就算有的男生真小气也
不会承认，或者根本意识不到自己小气。结果出人意料，不仅大家都
相当坦然，更有一部分男生不觉得小气是贬义词。

女朋友（包括前女友）有没有说过你小气？

说过。（66%）

没说过。（23%）

记不清了。（11%）

我们看到：比例如此高，说明"小气"这顶帽子女孩想起来就会给男朋友戴一下。

你觉得自己小气吗？

不小气。（28%）

有一点。（67%）

很小气。（5%）

我们看到："有一点"果真是一个中庸的答案，究竟是往左一点还是往右一点，难道以女朋友的外貌划分？

你属于下面哪一类的小气？

有钱的时候不小气，没钱的时候小气。（39%）

对自己不小气，对别人小气。（26%）

对自己以及自家人小气，对朋友或熟人大方。（28%）

对全世界包括自己都小气。（7%）

我们看到：几乎所有男人的小气都是因地制宜，看人下菜。

如果女孩因为嫌男朋友小气而要求分手，你认为是谁的错？

男孩的错，恋爱的时候都不知道假装大方一点情商很低。（12%）

女孩的错，过于追求物质享受的女孩有本事就去找大款。（26%）

没有谁对谁错，两人是因为误解而结合，因为了解而分开。（62%）

我们看到：他们可以承认自己小气，却不愿意承认自己有错。

男人真心话

说男朋友抠门，就跟说"你不爱我了"一样，是女孩的习惯性发言。我的一个哥们儿，省吃俭用带女朋友去玩了一趟宝岛台湾，结果因为不同意买一块香皂，天天被女朋友骂小气。那块香皂四十多块钱，我朋友觉得作为一块香皂来说，太贵了，不值。但去台湾几千块钱都花了，女孩却因为几十块钱说他小气，他能不生气吗？女孩滥用小气这个词真是要不得。（7号被调查者）

初恋的时候，我月收入三千五，自己花五百，给女友花三千，结果头一个月还给人家买苹果手机，第二个月人家手里挽的就是一个小官二代了。她挂在嘴边的话就是"钱是检验爱情的唯一真理"。但你把我检验了，我拿什么检验你？除非是初恋，否则男孩真的没有手里有十块钱就给女孩花十块钱的勇气，倒不是心疼钱，是受不了自己的人生里还有那么傻的岁月。（23号被调查者）

其实我一直想不通，为什么谈恋爱就天经地义应该男孩花钱，还一天到晚地要逛街、吃饭、看电影，去公园走走、听听免费的讲座啥的就很没面子，觉得没办法跟闺密交代。一天到晚说把爱情当生命，因为一件两三百块钱的衣服没给她买，就能立刻翻脸，投入别人怀抱，你们说我该相信爱情呢还是相信爱情呢？不好意思，刚因为"抠门"被女友甩掉，所以没啥好话。（49号被调查者）

如果我口袋里只有5000块钱，我想买个新手机，她也想。我们又都想买苹果五代，我选择的方法是忍痛割爱，大家都退一步，买小米，但我女朋友跟她的朋友们，都认为我应该给她买苹果，我用旧手机，这样才算是爱情，如果我不这样做，就是小气，是抠门，是自私。

现在越来越多的男人，年轻的时候穷，结不了婚，年纪大了，有钱了，不想结婚了，我特别理解与赞同。我穷的时候，你们都看不上，我有钱了，也看不上你们，反正有钱人随时能找到年轻漂亮的女朋友，生个孩子都不在话下。（70 号被调查者）

据我观察，80% 的女孩嫌自己的男朋友小气，剩下 15% 的嫌自己的男朋友败家、乱花钱，只有 5% 的女孩，对男朋友是满意的。被满意的男孩对自己、家人、朋友都小气，唯独对女朋友大方，但这样的男孩又特别容易被甩掉，因为没什么朋友，事业也不会好到哪儿去，眼里只有女朋友，人家也容易厌倦。（85 号被调查者）

我女朋友总说我小气，我没当回事，女孩希望你多爱她一点，撒娇呗。男人当然要有自己的原则，不该买的坚决不买，不过呢，偶尔也要满足一下女孩的虚荣心。比如在超市看到进口车厘子，贵得人肉疼，她每次想买都被我摁住了。有一次，旁边站着一对情侣，女孩特别漂亮，我就对女朋友说，想吃就买呗。虽然她挑了最小的一盒，但像抱了个金元宝似的，特有面子。

女孩贪财点没事，咱们得面对现实，争取花最少的钱，办最好的事。当然，被说小气时一定要淡定，不要争辩，即使你可以说出一百个自己不小气的例子，"没办法啊，哥现在就这实力，以后有实力了，你想买什么就买什么"，你得教会她面对现实。（87 号被调查者）

男人会为了面子问题
和你分手吗？

在彼此感情尚可，没有劈腿的情况下，他铁了心要分手，或者与你吵闹不休，好像从来没有爱过你一样，是怎么回事？女孩总会很天真地问："你是不是不爱我了？"对于男人来说，答案可能很简单——你踩着我面子了。

调查

关于面子问题，男人一谈起来就苦大仇深，自愿加入本次调查的100名男士，相当不淡定。

男生喜欢找漂亮女生，是生理问题还是面子问题？

生理问题，男为漂亮者冲动。（28%）

面子问题，如果对方是学霸或者富二代，外形就会被放在次要地位。（35%）

两者兼有，起初是生理问题，后来是面子问题，漂亮女孩如果性格不好总伤人面子，也让人讨厌。（37%）

我们看到：除了整容，还有很多事情能弥补女孩相貌的不足，比如给足他面子。

以下，你觉得最让你伤面子的事情是什么?

当着我父母的面说我。（5%）

当着我朋友的面说我。（8%）

总拉我去看我买不起的东西。（9%）

一吵架就去找我的领导诉苦。（11%）

把与男同事的合影放在空间里（两人没有亲密举动）。（6%）

以上排名不分先后，都很伤面子。（61%）

我们看到：女孩爱做的事情，很多都在越界。

当你觉得女朋友的行为让你在朋友面前无面子，会想到分手吗?

不会，这是小事情。（15%）

经常想，但不会单纯以此为理由分手。（41%）

如果一两次，并且是无意的，无所谓，如果经常这样，肯定要分手。（44%）

我们看到：男人因为被伤了面子而决定分手，可能性相当大。

你的女朋友理解你的面子情结吗?

理解。（23%）

不理解。（35%）

嘴上理解，做起事来就忘了。（42%）

我们看到：懒得理解男朋友的感受，以为有爱就有一切，是女孩的通病。

你跟女朋友交流过关于你面子的问题吗？

交流过，有成效，比较缓慢。（27%）

交流，她表示理解，但事后就忘记了。（34%）

没有交流，我觉得这件事是不言而喻的。（19%）

无法交流，一说就吵架。（20%）

我们看到：本应女孩老妈完成的工作，由男朋友代替，果真很吃力。

男人真心话

那些被伤得最深的面子

她对我朋友从没有好脸色，觉得人家都是人渣，尤其反感朋友们来我家做客。只要他们来了，她就一句话都不说，一个人进进出出，幽灵似的，弄得别人根本坐不下去。

如果我的朋友都是人渣，我也好不到哪儿去，带着这个问题，我请教了她。她理直气壮地说："当然了，我就是想把你这个人渣改造好。"你们说，我还有活下去的必要吗？（7号被调查者）

公司年会可以带家属，女朋友也算，我把她带去了。领导当然要说说客套话，在家属面前表扬一下我，给我长点精神。结果她非常二百五地说："他英语好吗？还不如我呢！""他勤奋吗？在家总睡懒觉呀！"弄得领导特别尴尬。等领导走了，她还得意扬扬："小样儿，还想让我觉得高攀了你们公司的男员工。"我真不知道她争这个有什么意思，谁高攀，谁屈就，在她眼里比爱情重要多了。(39 号被调查者)

她说要买鞋，我陪她去，她却根本不逛鞋区，逛皮衣区，试了一件又一件，问我好不好看。我忍不住说："好不好看跟你有啥关系啊，你不是要买鞋吗？"她马上翻脸，让售货员把皮衣包起来，拿着自己的信用卡就刷了，拦都拦不住，于是我立刻被大家的目光秒杀了。(61 号被调查者)

我父母来，去馆子里吃饭，我夹菜不小心掉在桌上，她说我是狗肉上不了正席，排档吃多了，一到大馆子就显得特没教养。我妈听了脸色很不好，她却一点儿也没感觉，还是想到什么说什么，连脏话都不避讳，平时我还觉得她这样挺可爱的。那一刻，只觉得眼前一黑，如果以后娶了她，得在朋友、同事、领导面前丢多少面子！ (90 号被调查者)

前女友总说我是受虐型，可能吧，我脾气好，也不怎么跟她争，基本是她说什么就是什么，但这也不代表我没底线。我们分手的原因就是她在微博上秀别的男人给她买的名牌包。

那个男的是她爸爸同事的儿子，两人从小一起长大，人家后来去了美国，找了个 ABC，日子过得好，回来送她一个包根本不算什么，她就疯了，又是发包的照片，又是发那个男人的照片，还发两个人的合影，口口声声叫人家靖哥哥（那人的名字取得也够恶心了）。好多不明就里的人以为她换了个高帅富男友，纷纷祝贺，她美得跟什么似的。分手的时候，她哭着求我，我一点也不心软，软不起来。（129号被调查者）

Tips

　　不要说人家是"死要面子活受罪"，人各有志，你还不是为了变美一点点，而折腾半个小时才出门，其实走在路上，谁看你？贬低男人就能提高身价，绝对是一个误区，如果能从把男人的面子扔在地上踩这件事中获得快感甚至安全感，就更无聊了，得多窝囊的男人才能忍受这些。这样的男人，你就算征服了，脸上有光吗？只有雀斑。

第三部分

那些惊人的爱情真理

请相信
爱情更是一场交易

> 谈恋爱要趁早，更要掌握科学的方法，努力将恋爱成本降到最低。

美国经济学家罗伯特·J·巴罗在《不再神圣的经济学》里开宗名义地宣布："我认为任何社会行为，包括爱情，都受经济推理的支配。"

恋爱中的青年男女容易沉浸在浪漫情怀中，喜欢奋不顾身飞蛾扑火般投入爱情。

可是爱情究竟能盲目多久？浪漫过后，我们最终还是要回归理性，回归到爱情的基本面：经济学。

尤其对于初入社会的女孩子，如果不能及早意识到恋爱的各种成本，盲目谈一场拖拉无结果的恋爱，那么随着年龄与日俱增，你的选择机会与日俱减，选择范围也越来越窄。

当然，我们所指的恋爱成本并不局限于金钱范畴。成本这个经济学概念，在爱情中无处不在。我们要做的，是通过引进成本概念，让你明白爱情绝不是盲目的无谓投入和产出。

正相反，爱与被爱都应该建立在理智而有规划的基础上。亲爱的姑娘们，谈恋爱要趁早，更要掌握科学的方法，努力将恋爱成本降到最低。

Part1. 谈一场恋爱要付出多少成本

生活中，我们谈一场恋爱，至少要付出以下 3 种成本：

1. 机会成本（Opportunity Cost）

经济学释义：

机会成本是指做一个选择后所丧失的不做该选择而可能获得的最大利益。简单说来，就是指你为了从事某件事情所放弃的其他的价值。

假设有 A、B、C、D 4 个男生同时追你，通过对比，你选择 A 做男友。恋爱后，你突然邂逅了 E，E 比前 4 个男生都优秀，这时你开始动摇，是否该放弃 A 而与 E 恋爱呢？

E 就是你的机会成本。机会成本在爱情决策中经常被忽略，当你选择 A 时，一定不会想到某天还能遇到 E。当然，也许日后你还会遇到比 E 更优秀的 F，这些都是不可控的因素。你唯一可以控制的是，在每一场恋爱里，尽量将爱情成本降到最低。

大多数女孩一进入恋爱状态就想要天长地久，姑且不论这场爱值不值得你托付终身，仅就恋爱本身而言，越是急于求成，越是事与愿违。

基本上，当你爱上一个人，无论以后你遇见谁，无论他出人头地还是灰头土脸，你都觉得很幸福，那么，所谓的机会成本在你这里毫无意义。如果与之相反，那么，你付出的机会成本越多，你的肠子悔得越青。而从一开始就能预知到一生的幸福，这个判断，基本上很悬。

2. 沉没成本（Sunk Cost）

经济学释义：

沉没成本是对已经发生不可收回的支出的统称，如时间、金钱、精力等。

青春是一个女人最最宝贵的财富。而恋爱中最无法挽回的就是女人在一场感情中所消耗的青春。男人择偶观的首要条件是年轻、漂亮、身材好，其次才是性格、学识、家庭等其他因素。但随着年龄的增长，青春、脸庞、身材这些让女人和男人坐地起价的重要筹码都会随着时间流逝而贬值，且是不可逆的永久消耗。

3. 边际成本（Marginal Cost）

经济学释义：

边际成本是指在任何产量水平上，增加一个单位产量所需要增加的工人工资、原材料和燃料等变动成本。也就是说，边际成本是每多生产一个产品而引起的平均成本的增加量。

我们来算一笔账，看看在马不停蹄的恋爱中，你究竟付出了多少边际成本。换一个新男友，约会时要添置 N 件新衣，热恋期通讯费用猛增，频繁下馆子、开辟新的约会场所，这些费用看着少，细算可是一笔不小的开支。

相对物质，精神成本的投入更不容忽视。研究发现，在恋爱的前6 个月，人们 70% 的注意力集中在新恋人身上，学习、工作都会大受影响。因此，每当你开展一段新的恋情，边际成本就会增加一次，这还不包括你因失恋而增加的边际成本。

最可怕的是，这些额外的边际成本正在吞噬着你的财富、精力还有青春，所以，爱惜自己，要谈对自己负责任的恋爱。

Part2. 用经济学 谈一场保值恋爱

如何谈一场保值的恋爱？

并不是我们功利，先保护好自己，才有能力爱别人，这是常识。

总有一些成功者值得我们学习，要申明的是，学习的是技巧方法，而不是爱情观。

万事有方法，但爱情本身，必须干净。

李嘉欣 "金牌小三"爱男人，更爱自己。

如果经济学鼻祖亚当·斯密还活着，他一定会为李嘉欣感到骄傲。这个香港最美丽的花瓶，20 年来只找她认为值得爱，能够给她光明未来的人。李嘉欣最大的特点在于，懂得什么时候该及时回头，什么时候又该抵死坚持。因为她明白，她最珍爱的，唯有自己。

李嘉欣对机会成本的认识想必比任何人都深刻。她入行后的第一个男友是倪震，当时李嘉欣不到 20 岁，还在做广告模特。倪震家是书香门第，父亲倪匡是香港著名的科幻小说家，姑姑是大名鼎鼎的亦舒，虽然如此，当李嘉欣发现对方其实是一个对未来茫然的文艺浪子，就主动提出分手。

浪子后来邂逅周慧敏，爱情长跑 20 年，其间倪震追女星玩劈腿状况不断，最近更是传出酒店湿吻丑闻。就算是玉女又怎么样，20年得不偿失的机会成本、沉没陈本、边际成本，数学不及格也能算出这本天价的亏本账。所以，玉女迟暮，只能忍。

从李嘉欣身上学到的经验是，不管是玉女、美女，还是长相资质均平平的普通女孩，爱一个男人都不能爱到失去判断力，一叶障目，掩耳盗铃。

罗美薇 一生只买一支叫张学友的股票

1986 年，罗美薇已经走红，她与同期出道的袁洁莹、李丽珍、陈加玲、罗明珠组成"开心少女组"，成为当年香港年轻人喜爱的青春偶像。

1986 年，张学友出道不久，还是籍籍无名的小字辈。在拍摄电影《痴心的我》时，他认识了罗美薇，两人很快坠入爱河。

1987 年，张学友进入歌手生涯的最低谷，新唱片销量一落千丈。1988 年的香港音乐颁奖礼上，一度被认为是新人领袖的张学友一无所获。这时他开始酗酒，媒体也对他出言不逊。年轻气盛的张学友，在一夜成名后迅速迷失了方向。

1996 年，张学友与罗美薇结婚。婚礼上，张学友只说了一句话："在我最潦倒的时候，我看到了美薇对我的真爱。"

谈恋爱犹如炒股票，普通投资者总在盲目追逐市场热点，匆忙买进卖出，但从不对市场热点进行深入分析。而巴菲特只买过几支股票，却靠这些股票成为股神。某种意义上，罗美薇就是爱情领域的巴菲特，她把握住了张学友这支潜力股，对他的潜能和品性有客观且深入的了解，果断投资，最终收获幸福。

虽然青春是一场注定的沉没成本，但我们为什么要选择全军覆没？勇敢去爱，但是不要心存侥幸。男女恋爱这场交易，是人生无法规避的事实，那么，要知道见好就收，更要学会及时止损。倾其所有的投入未尝不可，但是投入的对象，如果让你有万分之一的犹疑，哪怕只是一个闪念，都请三思。存在即合理，哪怕只是细菌大的问题，一旦拖延，也足够你病一场，甚至萎靡整个身体。

盲目付出真的很难产生价值。但如果你生性博爱，一定要冒险，那也不错。只是到头来，一定不要羡慕顺风顺水的同龄人。

吃后悔药可最没出息。

规避成本损失，最好的办法是在投资之前，做足功课。无论是考试、求职，还是恋爱，对于人生来说，都是一场投资。要清楚自己最需要什么，能承受什么；还要了解对方的能力、品行，做到胸有成竹，这就是所谓的知己知彼。

谈恋爱，也无非如此。你真爱一个人，会有巨大的热情去了解他。所以，恋爱这场投资，知彼并不难，难的是，你投入的越多，越舍不得放手。

在这个恶性循环里，不会止损的女生只会损失更多。

会吵架
才会谈恋爱

女生一定要学会在吵架中将爱加深，将伤害降至最低。

心理学家认为，情侣之间的吵架是一种重新找回自我界限的方式，是彼此心灵成长的必经之路。

实际上，大部分男人不喜欢吵架，但男人天生就有激发女人忍无可忍和他吵架的本事。既然吵架不可避免，女生就要掌握一定的分寸和技巧，让吵架这件事变成感情沟通的一种方式，学会如何在沟通的过程中将爱加深，将伤害降至最低。

当然，我们不是鼓励吵架，只是告诉你在无可避免的时候，怎么在吵架的飞沙走石中保全爱情。你所有的行为都只为了让他更爱你，让你们的感情走得更远。

不过，这一切都必须以相爱为前提。

QUARREL
中文释义：争吵。

这个单词很有意思，拆分来看，每一个字母都暗含着恋人之间争吵的相处之道。

Q—quality 质量

有价值的争吵符合以下两个条件：

1. 清楚地表达自己的需要。

大部分人吵架时表达的只是自己愤怒的情绪，而忘记了要表达心底的需求。心理学表明，没有任何行为是无缘无故的，背后都有心理动机。没有焦点的争吵是瞎吵，某种程度上属于纯粹情绪上的宣泄，这种宣泄对于感情来说没有任何帮助。

你吵架是想达到什么目的？你必须清晰地表达出自己的想法。你可以深呼吸，让自己快速冷静下来，直接坦白告诉他你的真实想法，比如我需要你多陪我、我需要你更多的关心……

2. 倾听对方的反馈。

高情商的人的倾听是"接纳性倾听"，即用体谅的态度倾听对方的话语，不因被指责而恼羞成怒，试着冷静调整自己的思想，理解出正面的语意。这种接纳性倾听对于吵架中的恋人十分重要。

倾听是有效沟通的一部分。吵架是双方的事，双方都有诉求，不是谁单方面说完自己想说的就完事。弄明白对方的想法和表达你自己的想法同样重要。如果实在没有听明白对方所说的意思，那就直截了当地提出疑问。很多问题通过当下的沟通即可解决，并且这种高效的解决方式能从一定程度上防止事态扩散。

U—unavowed 秘密的

女人和男朋友吵架喜欢向身边的人倾诉，大多目的有二，一种是想发动所有"群众"对男朋友进行谴责，让他低头认错。这样的结果通常也有两种：第一，他被迫认错，但心理防线越筑越高；第二，他坚持不肯低头，你更加火冒三丈，一不小心就一拍两散。不论哪一种，都可能让感情不得善终。

还有一种就是因为觉得太委屈而需要找人倾诉，俗称"倒苦水"。吵架不是秀，不需要三姑六婆死党闺密热情参与，我们且先撇开被闺密借着调解的机会撬墙脚的隐患不说，问题在当事人之间得到有效解决，比通过第三方，甚至第四方、第五方去解决要靠谱得多，理由有二：其一，涉及面子问题。就算吵完了，你不但要给你们两人自己交代，还要给围观群众一个交代。你们和好了没有？他到底向你认错没有？痛定思过了吗？如果没有，你情何以堪？如果有，他面子何存？其二，保密性的吵架可以为情侣间迅速消除矛盾打下良好基础。不让无关者加入你们的争执，这是对双方的一种保护，也是对感情的一种保护。

退一万步，如果到了非要有人调和不可的地步，一个"调解员"也已经足够。请牢记，吵架属于隐私，谢绝围观。

A—avoid 避免

1.避免翻旧账。女人在和男朋友吵架时喜欢翻旧账，这大概是天性。两年前他因为塞车让你在咖啡馆等了两个小时。两年后只要遇上类似的事，或者因为他等你出门前化妆等得不耐烦数落两句，你就把这件事拿出来反击。你为自己有了完美的证据而理直气壮，他则觉得自己像个千古罪人充满挫败感。两年前他就为此诚心诚意地道过歉了，你还想要他怎么样呢？久而久之，这种挫败感必然影响他对这段感情的积极性。

恋人之间吵架，要学会画句号而不是逗号、分号。一件事告一段落就让它彻底过去。如果非要当祥林嫂，那就别怪上天为什么给你一段像阿毛一样夭夭的感情。

2.避免上纲上线。女人天生善于归纳总结和联想，运用在感情上、吵架时，上纲上线，那简直登峰造极。比如，从他一天没有给你打电话，能上升到他心里没有你，进而变成他不爱你。都不爱你了，在一起还有什么意思呢？不如分手吧。无论怎么看，这都是个死循环。而实际上呢？男人只是因为今天工作太忙没时间给你电话而已。

如果他让你不爽，不如问问他为什么今天没有联系你，直截了当，大家都省心，也能避免矛盾升级。

3.避免用谴责句式。"你居然用这样的态度对我？""你怎么这么晚还不回来？"……当吵架开始用谴责句式的时候，你就已经把对方逼到一个自卫的死角。这样的情况下，对方通常会认为你在乱下判断，条件反射就是捍卫自己。一旦对方的防御体系建立，沟通就立即失效。

R—restrain 节制

这个节制，是指情绪上的节制和对吵架事态发展的控制。

人在激动的时候容易情绪失控，一味地跟着情绪走只会让事情越来越糟。尽量平静下来再进行沟通，效率会高得多。

没有一个男人会喜欢和女朋友吵架，他想以"你说的都是对的"的消极态度结束这场纷争，可是你不依不饶，非要证明自己本来就是对的，非要让他心服口服。他开始不耐烦，你更生气，于是本来已经基本结束的吵架又死灰复燃，甚至变本加厉。你气愤至极口不择言要分手，他也在火头上态度坚决毫不挽留，这简直就是自作孽。

脾气再好的人能用在争吵中的耐心也有限，一旦超过忍耐极限，斜风细雨也能变成狂风暴雨。所以，女人一定要懂得节制，懂得见好就收。这个法则，不光适用于爱情，在其他方面同样有效。

R—respect 尊重

心理学中的尊重，是指要学会接纳彼此的差异。你一旦选择了他，就得学会发掘他的优点，包容他的缺点，你必须时刻谨记你们是情侣，即使吵架也得相互尊重，除非你根本不想和他有结果。

在吵架的过程中，有一点必须要牢记：恋人不是敌人，不需要像秋风扫落叶一样残酷。不管战火烧得有多高，吵架归吵架，不要嘲笑讽刺、连消带打，更是绝不能进行人身攻击。过分犀利的言辞，哪怕说的全是事实也会让人受到伤害，甚至可能激怒对方，让吵架升级到暴力层面。恋人之间的爱是消耗品，消耗的速度取决于双方的态度。攻击性的言论和行为只会加速爱的消耗。

其实，在某些时刻，男人比女人更脆弱，他们需要更多鼓励，需要得到更多肯定，尤其是来自心仪对象的鼓励和肯定。因此，就算在吵架的时候也请记得肯定对方的优点，然后再表达自己的内心需求，这样会更容易让人接受。

E—equal 平等的

恋爱是双方的事，付出也必定是双方的。

现代社会提倡男女平等，可是你们的吵架段数依然停留在母系社会——不管是你的错还是他的错，到最后都是他认错。这听起来很浪漫，实际上呢？爱情不是偶像剧，即使相爱的两个人，也没有谁有义务一定要对谁无条件、无止境忍让。他不与你争吵，即便他觉得你在无理取闹他也选择让步，那是因为他爱你，是因为他有风度，但这绝不是他的义务。

你有权利提出你的意见和要求，那么相对的，他也有权利提出他的异议。如果你碰上的是个直肠子男人，非要争出个是非曲直，如果不涉及原则问题，你不妨让一让。恋人吵架不是一定只有男方先退让，有时候你适当地让一让，以退为进，会令他更懂得心疼你，感激你的包容。当然，该你认错的时候也不要含糊，诚意和爱一定不能缺。

L—love 爱

前面所有的沟通，都基于一个大前提，那就是你们相爱。这一切的努力都是为了更好地发展，更好地相爱。法国情侣在争吵后通常以相拥相吻为结束曲，鉴于浪漫这种风格不是谁都能学得来的，稍不注意就东施效颦，所以女生对此不要期待太高。让他能熊抱你一个或者你熊抱他一个也是挺浪漫的事，不是吗？

注意：生理周期影响情绪，不宜吵架。

女生在生理期的情绪起伏就像过山车，一旦吵架，很难控制情绪，让双方陷入更深的争吵。并且，如果经常生理期情绪波动较大，很容易带来健康隐患。所以，请所有女生尽量避免在生理期吵架。要是你挂了免战牌他还不识趣，那么你就和他"预约"经期后吵架，你得确保能克制情绪，控制好吵架的火候，不然激动起来吵糊了，以上的内容也白看了。

别吃男人的回头草

分手后你既不能吃回头草，
更不能被回头马吃掉。

1947年6月，胡兰成收到张爱玲的诀别信，这段长达3年之久的传奇之恋辛酸谢幕。4年后，胡兰成移居日本，他多次寄书、写缠绵的长信给张爱玲以期复合。但张爱玲态度坚定地拒绝了这个曾让自己"很低很低"的男人。

如果你曾深爱过一个人，也为这段爱赴汤蹈火，那么不管你们谁负了谁，分手后都不要纠缠，更别提鸳梦重温。"好马不吃回头草"，不是以前的人不够好，也并非以后遇到的都是"真命天子"，既然你们达成了分手的共识，就说明彼此之间存在着难以调和的矛盾和无法跨跃的鸿沟，而这些不见得是时间和成长所能改变的。

著名心理学大师威廉·冯特说过，一个人的本质是不能被改变的，我们既不是他的心理治疗师，也不是他的救世主。如果我们把自己放在这样的位置上，应该反思的是我们自己。

亲爱的姑娘们，当你遇到自己真爱的人，就请努力把握好。因为分手后你既不能吃回头草，更不能被回头马吃掉。

要知道，爱的反义词不是恨，是遗忘。

Part1. 有多少爱可以重来

调查坊间"爱情回头草"的存活率

"爱情回头草"该不该吃？针对这个问题，我们随机采访了 50 位女性读者，看看她们的心声吧。

调查发现，约 29% 的读者表示，我会努力珍惜这段感情，但我绝不会吃回头草。约 33% 的读者认为，有爱我们就该回头，不排除吃回头草的可能性。约 21% 的读者觉得自己难下结论，要视具体情况而定。另有约 17% 的读者告诉我们，自己与男友分分合合，终以分手收场。

根据被访问者回馈的信息，我们将正反双方所持观点列举如下。

正方	爱情回头草越吃越香	反方	不要留恋爱情回头草
1 辩	有爱就应该回头	1 辩	人不会变，破镜重圆能维持多久
2 辩	能回头的男人是真的爱我	2 辩	裂痕多了会成为致命伤
3 辩	感情历经考验才能长久	3 辩	分分合合太伤人，不想被拖到筋疲力尽
4 辩	怕以后遇不到这样的男人了	4 辩	趁年轻多给自己尝试的机会
5 辩	没精力再去磨合一个人	5 辩	不能在同一个地方跌倒两次

如果你是一个对自己负责任、对爱情负责任的人，就请看看下面提供的安全指南吧。

Part2. 没有爱可以重来

不能吃"爱情回头草"的5个理由

"爱情回头草"是一棵名副其实的毒草，最大的杀伤力在于，它像一个巨大的漩涡让你身陷其中欲罢不能。为此耽误的除了宝贵青春，还有一颗被爱折磨的心。

理由一 在反复挣扎中容易对爱情绝望

既然能做"回头草"，他自然有很多吸引人的地方，如此才能令你恋恋不舍。但你必须想清楚，这样的男人不会为一个自己已经得到过的女人而改变。换句话说，即使你们可以不计前嫌破镜重圆，那也只是一次回光返照。短暂的激情过后，你又会陷入分手前的纠结状态，渐渐就对爱情麻木而绝望。

你肯定无法改变他，所以要么为他改变自己，要么就对自己狠一点。学学大S，她谈过的哪一个男朋友不是人间极品。可是大S绝不会和旧爱复合，听听她的观点："每段感情结束，我都会反省，我不是那种满不在乎扔在一边的个性。所以结束一段感情，肯定是觉得两人变成友情会更好，已经变了的感情是不会变成爱情的，我是向前看的人。"

理由二 不要在年轻时养成退而求其次的心态

杨澜在总结自己的人生经验时，说得最多的一句话是"趁年轻"。

没错，年轻是我们最大的资本，所以人在有资本的时候，轻易不能退而求其次。

当你们决定分手的时候，肯定没想过有朝一日会复合。这是因为身体里那股年轻的劲儿，顶着你在往前走。没错，就是这股劲儿，这股不怕输敢冒险的劲儿，成了你丰富人生的最大动力。

为什么会有那么多中年女性甘愿忍受丈夫出轨、家庭暴力也不离婚？就是因为她们随年渐长，而舞台却越来越小，终于陷入一种爱无力状态。年轻的女孩敢于劈腿，敢于争取，因为她们知道自己年轻胆壮，没有后顾之忧。不要因为年轻而伤害，但更不要丧失往前看的勇气，退而求其次从来不是好品质。更何况，20多岁的男生正处于人生的起步期，除了和你胆气一样壮，真是要什么没什么。这样对等的关系，你凭什么要吃他的回头草？

理由三　好的草也不会等你回头吃

成熟的男人懂得怎样去爱一个人。爱你的时候，他会竭尽全力去呵护你。一旦爱情散场，他也用不着站在原地等你。

郑伊健14年谈了两场爱，每一场都惊天动地，却均以失败告终。有人骂他是负心汉，我不同意。我相信他对"双琪"说过的每一句情话都发自内心，他努力过，争取过，得不到也不愿意纠缠。这是成熟的表现。

如果一个男人愿意与你分分合合纠缠不休，恕我直白，他也太没决断力。若他真的爱你，就不会让你走。如果让你走，是他觉得缘分已尽。对于吃回头草的男人，爱的时候守不住，又不能开始新的生活，这个男人还能做什么？

理由四 必须忍受恋爱间隙里的寂寞

喜欢吃"回头草",或甘愿当"回头草"的男人,性格中多少都带着优柔寡断的成分。这种男人通常会在恋爱中扮演多重角色,你敢保证他只和你一个人纠缠?

不管当初你们分手是什么理由,如果是你伤害他,他为什么要站在原地等你?站在原地痴痴等你回头那不叫痴情,叫爱无能。留不住你,又缺乏往前走的能力。你回头吃这口草干什么呢?如果是他伤害你,好了伤疤忘了疼,那你就折腾吧。你虽花样年华,却也经不起岁月蹉跎。

要耐得住寂寞,是恋爱期很重要的一个品质。因为寂寞而去吃"回头草",不啻于饮鸩止渴。

理由五 好的男人永远是下一个

女人失恋后,总会进入一个"心里空窗期",这并不可怕,可怕的是因此丧失斗志,满脑子只剩回忆。当一个人开始回忆,那说明她已经老了。比如你的更年期的妈妈,喜欢晒太阳的祖母。至于你,睡一觉又可以吃下一头牛的年纪,不趁着新陈代谢飞快的当口向前跑,看更多的世界,长更多的见识,认识更多不同心胸的人,那你打算干什么呢?去结交新的朋友,让自己的恋爱经验成全与下一个好男人的爱情吧。没准他就是贝克汉姆,而你正是维多利亚。

Part3. 男人作证

常回头的男人心怀鬼胎

我谈恋爱从不拖泥带水，该爱的时候都不尽力去爱，分手以后能破镜重圆吗？

我大学一个哥们儿，特别黏糊，没事儿就和分了手的女朋友联系一下。遇到被他甩的，如果对方刚好也是"空床期"，就死皮赖脸地拼个床，和人家睡一下。遇到甩了他的，就信誓旦旦地表决心，非要和人家再续前缘，以满足自己那点儿占有的心。

相信我，如果一个男人想做回头马，他一定怀有强烈的企图心，而非真的割舍不下对你的那段情。 *（张鹏飞 26 岁 公务员）*

我没做过回头马，但我做过"回头草"，前女友总想回头来吃我。我没觉得自己有值得她回头的魅力，当初也不是我提出分手，但是她转了一大圈还是想回到我身边。为什么呀？因为她被有钱男人甩了呗！

我就不理解，她怎么有脸再回来找我。当初她那么得意地跟着人家走了，现在灰头土脸地回来，指望我可怜她，这不是做梦吗！我告诉你，我最鄙视这种女的，要赌就愿赌服输，这算什么事儿呀。你真以为男人都能像《如果爱》里面的金城武，死守着一个抛弃过他的女人？今天可把话说明白了，那都是导演逗你们玩的。

依我看，女的还是别当回头马，你玩过的那棵草，要么已经伤心地枯萎了，要么干脆挪窝了，总之是不想待见你了。 *（李二平 29 岁 出租车司机）*

　　我和女朋友分分合合8年了，今年秋天还是分手了。朋友经常说，8年抗战都胜利了，你们居然分手了。打仗和谈恋爱真是两码事。

　　我和她第一次分手是5年前，分手的原因很简单，她对我到了"监控"的地步，我必须每天接受她的"审查"，走到哪儿都要汇报；她打电话来，我必须把电话给我旁边的人听，以证明我是和男人在一起。我感觉像坐牢，就提出分手。

　　后来她搬到我家附近，每天做好饭装进保温饭盒等我回来吃，并发誓不会像以前那样变态，我就原谅了她。可没过半年，她老毛病又犯了，偷偷查我的通话记录，还跟踪我们组的女同事，我提出分手她就威胁我，说要自杀。中途我搬出去一次，她又来求我，见我无动于衷就真的割腕了。我想她连自杀都敢，这次真的会改。没想到又被骗了。

　　人的本性是改变不了的。我真后悔第一次没和她分彻底。（叶非31岁自由职业者）

Tips

　　爱情是一所大学，每个人都要在有限的时间里修更多的课程，学到尽可能多的有价值的经验。

　　如果你想击中幸福，那就要多打几次靶。这个总让你怀念，或者总怀念你的男人固然有他的优点，但如果他真的好到要你生死相许，那他怎么会变成回头草？

　　不会有无缘无故的错误，更不可能有无缘无故的分手，当然更不会有无缘无故的回头。

　　割舍不下是你的借口，因为你见识不了更宽广的天空。

> 异性知己并非不来电，只是瓦数目前还不够。

哪里有红颜知己
其实就是爱情地雷

大多数男人都喜欢有一两个异性知己，比友情大一码，但又未达爱情的火候。一种半醉半醒的关系，彼此亲近而欣赏，但保持着某种距离感，满足他们的精神需求。异性知己隐秘在手机微信里，QQ 聊天记录上，她手机里来，微信里去，可以隐身也可以现身，你在明处她在暗处，想想都是场冷汗淋淋的捕风战斗。

尽管艰难，也绝不要相信男友说，她只是朋友而已。

异性知己并非不来电，只是瓦数目前还不够；不是没有吸引力，只是磁性目前还有限。所以这对女孩们来说，无疑是随时可能引爆的地雷。如果你不能排除她，那就正面告诉男友，你不能接受她。

记住，永远不要接受心有旁骛的男人。

Part1. 异性知己大搜捕

男人到底该不该有异性知己？

对此我们对 100 名女性读者进行调查

你认为男人应该有亲密异性知己吗?

认为可以接受男友的异性知己，压力这么大，男女都可以有私密的朋友。（15%）

目前还没遇见此问题，没认真想过。（5%）

认为爱情中绝不应潜伏异性知己，是随时可能引爆的定时炸弹。（60%）

认为如果对自己没威胁，男人有花朋蝶友没关系。（20%）

异性知己危险人群大曝光：

1. 发小　危险指数★★★★☆

高了解度与高默契度，只需一句"想找你聊聊"便会顷刻产生"此时无声胜有声"的心理情景，相当能满足他深刻的心理需求。因此个性上保持真实，实情上不必要隐瞒，就是因为太了解，把彼此关系想得简简单单，最后导致擦枪走火的事情发生。

2. 同学　危险指数★★★☆

懵懂的青涩时代结下的革命友情，属于容易接近且适合表达自己的关怀，释放那部分额外情感的人群。一来二往，难免产生心理感应，于是一幕玫瑰色花样年华的香艳序曲就这样奏响了。

3. 同事　危险指数★★★

他清醒的时间可能 3/4 都和她在一起。他们是拴在一根绳上的蚂蚱，一个战壕里摸爬滚打的兄弟，一起搞定黄世仁一样的老板，一起从葛朗台一样的客户口袋里抠钱。上班加班，一不小心同事变知己，再不小心就由你自己想象吧。

4. 网友　危险指数★★☆

网络是个连空气都弥漫着梦境一样迷幻的异度空间，一个充分释放自我的自由舞台。在这样的空间里，他的想象力得到充分开发，一边是现实的无可救药的生活，一边是脱离生活漫无边界随意幻想的空间，他的感情一不留神就四处神游了。

5. 酒友　危险指数★★

酒精在刺激味觉神经的同时也在强烈地刺激他的荷尔蒙。借着酒劲，醉眼迷蒙神魂颠倒之间，就心安理得、直率鲁莽地把该说不该说的话都说给她听了。即使不是在放电，也漏电了。酒后可能发生什么，不是什么匪夷所思的事了。

Part2. 男人作证 异性知己隐藏暧昧毒素

受访者： 孟楚超 / 28岁 / 职业经理人 / 长沙

你的异性知己可能会取代女朋友的位置吗？

孟楚超：我有关系很好的异性知己是从小一起长大的发小。我们像不分性别的哥们儿，要有感觉早电闪雷鸣了，还轮得到现在的女友？当年我追女友还是她当的军师呢。但我也有其他方面关系好的异性好友，像是特别亲密的女同事。

你为什么有些事情愿意和她们说，而不是找女朋友倾诉呢？

孟楚超：有些事情不适合和女友讲。比如，过去的情史，她会打翻醋坛子跟我耍小脾气；工作上烦心事，和她说了也不能解决问题，还瞎担心。而有一些事情确实是我的隐私，不仅不能增加了解反而会让我们分道扬镳。和异性好友讲，我不会在意这些。

你是什么时候开始和异性好友分享秘密而不是女友？

孟楚超：差不多谈恋爱一年多的时候。一开始我们会彼此告诉对方一天中的每件事的每个细节，但一段时间后我发现这种交流让我变得没有自己的专属空间。我像每天在她面前裸奔一样，失去自我，感觉窒息。

你的异性知己们知道你的想法吗？

孟楚超：不知道，我想我的某些行为确实会让她们对我心存幻想。以为我可能是喜欢她们的，有一个关系很好的异性知己到现在都没有找男友。但是我觉得我和她并不适合。

你为什么要给她这个幻觉而不清楚告诉她你只把她当朋友？

孟楚超：如果我讲清楚了，可能她也就变成最普通的朋友，而不是那种遇见什么难事、尴尬事都可以说的亲密朋友了。

你觉得这样做对她们公平吗？你不觉得自己很自私？

孟楚超：我有时觉得自己挺自私，但想想，我也会给异性朋友当心情垃圾桶，她有什么事也可以和我无所顾忌地说，大家扯平了。同时我又给我女朋友一个完美的男人形象。双赢的事，如果没事就继续好了。

Part3. 爱情地雷排除方案

世上哪里有知己和伴侣共存的和谐局面？知己进半步就是情侣，情侣退半步也是知己。如果你不想看着精心建立起来的爱情金字塔轰然倒塌，就想办法反击吧。

A. 张弛有道，宽严相济

你可以不了解足球和足彩是什么关系，但是你一定要清楚另一半最近都和哪些异性来往过密，他们因为什么而谈到一起。过分的约束不如用体贴做一道无形的枷锁，强调自己在这段感情中的存在感，同时模糊异性知己的必要性。

和血缘关系不同，爱情的实质就是搭伙过日子，经营是必需的。在异性知己还没有对你们的情感有动摇力前，你要让她从你们的世界里出局。除了扼杀一切可能萌发的小苗头，你要学会不动声色地腐蚀另一半。培养你们之间独有的默契，无形中造就他对你的依赖感。

B. 态度明确，绝不容忍

心存侥幸想和地雷共存的人，往往哪天就一只脚踩个正着。对于男人来说，对的时间遇上对的人是另一半，错的时间遇到对的人叫知己。谁知道哪天阴错阳差的时间"咔嚓"就对上了呢？不要考验人性，你的男人不会比别人的男人多了多少理智和坚持。别去幻想能和男人的异性知己做朋友，醒醒吧，这是一个闺密都可能撬你墙脚的时代！

你一定要态度明确，你不能接受最亲密的人拥有异性知己。男人比女人更具备侵占性，你可以反问他，能接受你把情感给他心事却留给另一个男人吗？身为正牌女友，我们比别的女人更有资格和立场要求一个男人完整的心。

C. 别用自己的青春测试别人的道德底线

世上很多事仅靠一个人努力是不够的。如果你已经做了你所能做的一切，你给他机会和时间，他还是坚持不肯和异性知己关系平淡化，她已经牢牢地在你们的生活扎根。显而易见你在他心目中分量不足，他觉得你俩之间还不如他和她的感情牢靠，换句话说，她对他的影响力比你这个正牌女友远胜一筹。你唯一的选择不是容忍，只能是下狠心和他分手。

要知道，你的姑息绝对是他培育另一方情感的土壤。你明事理，相信人性，愿意用自己漫长人生里短暂的青春来陪别人测试自己的道德底线，而最后你常常是被背弃的那一个。今天你容忍了他的情感某一部分分给另一个女人，明天你将失去全部。

不见得每个异性知己都像妖魔鬼怪，眼冒绿光地盯着你的爱情。但是她确实在暧昧中长存，潜滋暗长，与时俱进地成为男人身上的恶性肿瘤。你要是不管不顾地一刀割下去，毒细胞可能会直奔心脏，一命呜呼；你要是视而不见，任其自生自灭，自灭的可能性几近于零，而毒素随时可能扩散全身。

所以，不需要刀光剑影那么冲动，慢慢来，科技发展，可对症而下的药只会越来越多，先控制，然后再祛除。你永远要自信，毕竟你才是正牌女友，利用你的优势扫除那些暧昧地雷。在这期间有一条真理你一定要雷打不动：异性知己＝替补女友。

暧昧离爱慕
到底有多远？

> 暧昧或许是爱慕的萌芽阶段，但两者间有本质区别。

　　哈佛大学情感研究中心的一项报告指出，当男人遇见一位有魅力的异性，肾上腺素会在 3 ~ 5 秒内分泌出一种黏液，信号直击大脑，再反射回心脏——就是传说中的心跳加速。这种兴奋的感觉将持续 6 ~ 48 个小时，这段时间内，男人几乎不能控制自己的行为。可一旦激情退去，理性思维开始发挥作用，扰乱荷尔蒙的分泌，男人渐渐清醒了，明确了自己对这位可人儿的真实感觉——爱慕还是暧昧？男人从来只有一个答案。

　　有趣的是，科学家在研究中发现，当女人遇见一位有魅力的异性，肾上腺素同样会分泌黏液，导致兴奋，但这种感觉会维持 24 ~ 160 个小时，几乎是男人的 4 倍！

　　男女之间的生理差异决定了他们在面对含糊、不明确的关系时，会做出截然相反的举动。男人一开始就为感情定性，暧昧还是喜欢，非常坚定，而女人却容易将男人的一举一动都视为爱的信号，如果对方恰好也是自己喜欢的类型，很快毫不犹豫地投入进去，最后的结局，不说你也明白。

就算暧昧是爱慕的萌芽阶段，也请别忘记，两者间有本质区别。提醒姑娘们，动心前，请你先做出理智的判断。

Part1. 5 个区别，暧昧 ≠ 爱慕

汉语词典里，暧昧是一种立场和态度含糊、不明确的关系，见不得光。但爱慕却是发自内心的喜欢、倾慕和向往，是非常明确的感受。两种情感状态即使有交集，重合的时段也相对短暂，可恋爱生活中，总有不计其数的女孩错把暧昧当爱慕。原来，男人往往以爱慕之名，行暧昧之实，你以为他动了心，步步逼近，是想和你展开一段靠谱的恋爱，实际上他只想吃点"豆腐"，占占便宜，至于结果，他根本不感兴趣。

区分暧昧和爱慕，其实不难，关键是你要有这样的意识，学会观察和判断，而不是一有男人示好，就不顾一切地扎进去。

区别1 暧昧忽冷忽热，爱慕越来越热

如果一个男人真的喜欢你，相信我，他绝不会拖泥带水，他会立刻让你知道，不会让你悬着一颗心，慢慢地心灰意冷。他的目光总是聚焦于你，恨不得成天拴着你，深怕自己懈怠了一分钟，你就被人抢走了，他怎么可能对你忽冷忽热，时好时坏？

而如果一个男人给你的感觉很不确定，即使他经常约你出来玩，深夜发一条语焉不详的短信，或者在你遇到困难时口头上表示一下温

暖，那只能说明他对你，有一点不超过朋友界线的好感。要想继续往下发展，演变成情侣关系？有点难。除非你是追男高手，或者有一天他从你身上看到新的闪光点。不过恕我直言，喜欢玩暧昧的男人，不是谈恋爱的好人选。倘若不是世上只剩他一个男人，还是躲远点吧。

区别2 暧昧只勾引不表白，爱慕只表白不勾引

为暧昧纠结的人，多数是因为对方不表白。明明是他诱惑你、吸引你，让你情不自禁，但那一个字，他迟迟不肯说出口。终于你按捺不住，向他表白了，换来的竟是一句对不起。这是暧昧的惯用套路，所以暧昧高手说，动什么别动感情。因此若他始终不肯示爱，说明他心里真的没你，你也没必要黯然纠结了，收拾收拾心情，奔赴下一场约会吧。

被男人爱慕的感觉会完全不一样，你也曾喜欢过一个人，想想那种状态，就是眼巴巴地盼他出现，心甘情愿地跟他走，不会掺杂着心计、腹黑，只想着如何让他明了你的心意，当然也会勾引，但无论你是不是情场高手，都一定会脸红。因此，若一个男人淡定自如、心平气和地勾引你，他一定是在演戏。

区别3 暧昧在床上确定关系，爱慕确定了关系才上床

几乎没有成年男人喜欢柏拉图式的暧昧，大家都是成年人，眉来眼去送完"菠菜"了，干柴烈火还等什么呢？请记住，如果和一个男人上床前，你们还没有确立明确的关系——等着在床上确立关系的话，两个字——床伴。日后再想突破这一层关系，除非你们都是非主流，否则，还真比登天难。

心理学家研究发现，求爱时间越长，感情质量越高，反之也成立。原来"床上运动"虽然可促进恋情的迅速发展，但也很难让你找到持久和认真的感情关系。

区别 4 暧昧吞噬你所有的自信，爱慕让你变得越来越有自信

做暧昧高手有三条，第一条就是你必须拥有无比强大的心理承受能力，因为在与对方拉锯战的过程中，一个不自信的人很容易就会败下阵来。想想看，和一个内心无比强大，或者根本没心没肺的人玩感情游戏，得消耗你多少囤积已久的自信？到最后，你会发现自己越来越没底气，也就越来越悲伤，越来越绝望。

好的爱情一定是女人的最佳补品，被爱情滋润过的女人，皮肤光滑，笑容甜美，人也会特别有自信，这一切都是爱慕的功劳。如果你还不能判断男人，那就判断一下自己吧。认识他以后，你的情绪、身体状况，也从一个侧面反映了你们的情感状况。

区别 5 暧昧无疾而终，爱慕开花结果

杨丞琳有一句歌词"暧昧让人受尽委屈，找不到爱的证据，何时该前进何时该放弃，连拥抱都没有勇气"，暧昧从来都是无疾而终，在感情的发展上，也永远不可能形成递进的曲线图，所以，判断一个男人对你暧昧还是爱慕，可以观察他的行为变化。基本上，玩暧昧的男人都是先让你尝到甜头，看到希望，他获得自己想要的，然后越来越冷漠，但爱慕你的人，也许一开始比较被动，不会表达，但你能感觉到他在很用心地讨好你，想多和你接触，让你满意，建议你用一些小策略，比如请他帮忙做一件事，考察他的用心程度。

　　不管暧昧还是爱慕，如果你审慎地对待每一份感情，记得不要太随便。不要随便地给一个男人下结论，也不要随便地和一个男人上床。在乎自己的感情，才能获得他人的爱。

Part2. 玩暧昧？我们伤不起

　　玩暧昧，受伤的多半是女生。这是一个令人伤心的现实，更是一个引起我们警惕的结论。要知道，感情上，男人永远比女人理智、冷静，他们对于自己想要负责和需要负责的感情，一定会表达明确，态度坚定。但是，出于寂寞、自私以及下半身的考虑，他们也会对自己不愿负责的情感采取不明确、不坚定的斡旋态度。

　　下面7种情况，如果有4～5种是你经常遇到的，别怀疑，他对你，不是爱慕是暧昧。

　　1. 初识与你打得火热，短信电话不断，一旦发现你没那么容易搞定，马上撤退。

　　男生心理：玩暧昧战线不能拉太长，要找容易下手的。

　　女生心理：本想考验一下他，怎么还没开始，人就没了？

　　2. 独处时和你百般亲热，甚至动手动脚吃"豆腐"。公众场合装出一副正人君子的样子，和你保持距离，不会带你参加朋友活动。

　　男生心理：不能让大家知道我们的关系，否则日后不好脱身啊。

　　女生心理：感情火候还没到，期待成为他"女主角"的那一天。

3. 约会时手机总是调成振动模式，当着你的面几乎没接过电话。

男生心理：振动模式很省心，不想接的电话直接过滤。

女生心理：他好有礼貌，和我约会不想被打扰。

4. 逢KTV、泡吧必定叫上你，可见光的、室外的活动，从没你的份。

男生心理：她身材火辣、性格奔放、有点随便，应该是不错的床伴。

女生心理：他应该当我是女朋友吧，否则干吗每次都那么亲密？

5. 相识不久就发调情短信，如我想你了，睡不着。

男生心理：真寂寞，睡不着啊，好想有个人陪我。

女生心理：这么晚都在想我，看来有戏。

6. 一段时间对你很好很黏，一段时间人间蒸发影子都找不到。

男生心理：需要她的时候就出现，不需要的时候我消失。

女生心理：他到底爱不爱我，爱不爱我，爱不爱我？

7. 一开始对你很大方，出手阔绰，一旦占了便宜，马上变成铁公鸡。

男生心理：花钱要达到目的，不能白在她身上浪费银子。

女生心理：做他女朋友好幸福啊。

Part 3. 男人作证

受访者：LRR / 28岁 / 广告策划

女生对暧昧的最大误解是什么?

LRR: 自作多情比较多吧,幻想男生鼓不起勇气表白。可能女生多喜欢暗恋,由此推测男生也喜欢暗恋,喜欢又不敢讲出来。大错特错了,男生见到喜欢的女生一定会讲,就算对方是李嘉欣,自己是郭德纲,也会讲。

你选择和女生玩暧昧的目的是什么?

LRR: 多种多样。有的是纯粹无聊,想找个人打发时间;有的是看她可爱,逗逗她好玩。男人是社会属性动物,多和一些女人保持长期联系,对我们没有坏处。无聊的时候,也可以约出来一起聚聚。

玩暧昧的男生通常有什么特点?

LRR: 颜值品位不差是第一的。一定是外形比较有优势的,才有资格玩暧昧。也有一些有钱、有经历的老男人,大多是为了骗骗小姑娘。

能给女孩一点建议吗?

LRR: 希望还是要尊重自己,懂得保护自己,看到有钱或者很帅的男人,一定要学会理顺自己的欲望。日久见人心,喜欢暧昧的男人大多数不会在对方身上花上太多的时间、精力,如果这个女孩没有满足自己的欲望,他们马上又会去找新的目标。千万不要觉得这个男人是不是不爱我了,而去热情倒贴,其实无关爱情,纯粹是暧昧而已。

女孩要不要
选择被剩下？

明白这些事你会更容易嫁出去。

　　早在几年前，"剩女"一词就被教育部公布为汉语新词，指没有理想对象的大龄女青年。

　　据统计，北上广等大城市剩女均达数十万人。她们大多数受过高等教育，且条件不错，可就是找不到合适的人来爱。

　　擅长做思想工作的人说，总有一个人跟你是合适的，只是还没找到。

　　人生苦短，既然总有一个合适的，就该拿出点像样的效率，总不能像爱情小说写的那样，在不合适的时间遇见合适的人。拜托，人生不可以这么悲催的。

　　硬币有两面，天地有阴阳，与其等到剩下来迷惘，不如趁年轻，搞定朝阳的那一面。

Part1. 男人都在想什么

感情不是一个人说了算，所以，在说这件事之前，我们需要知道男人在择偶方面到底是怎么想的。

受访者：
黄果：28 岁，业务经理
张杨：27 岁，桥梁设计
烨煜：28 岁，核电工程师

Q1 你认为什么样的女孩最有吸引力？
黄果：这个要看感觉，但一定不能是为了房子、车子、票子跟我在一起。
张杨：相貌好，温柔。
烨煜：单纯。如果一个感情清白的和一个不停恋爱又失败的让我选，我肯定选清白的。不过这样的可能绝种了。

Q2 什么样的女孩让你最不能接受呢？
黄果：长相太差还不修边幅的，不但影响心情还影响下一代。
张杨：性格差，钻牛角尖。我一兄弟的女朋友，动不动就把鸡毛蒜皮的事上纲上线，比如上次我跟他出去喝酒回家晚了点，她就问了他一晚上是不是不爱她了。这是什么逻辑？
烨煜：感情经历太丰富。隔壁办公室的同事和一个新来的同事聊天，发现自己的女朋友是他的前女友，还同居过，太难堪了！

Q3 介意另一半比你学历高会赚钱吗?

黄果: 是男人都不会希望自己的女人比自己强, 除非他自己太弱。

张杨: 如果我说不介意你相信吗?

烨煜: 做老婆要那么高的学历, 那么会赚钱干什么?

Part2. 谁有被"剩下"的倾向

别以为自己条件好绝对不会被剩下, 某些你一直引以为傲的地方也许正是你的死穴。

1. 自己身高 150, 要求男人 180。

有追求固然是好的, 但盲目到不切实际就有点危险了。

自己月收入两千, 非年薪二十万以上的男人不嫁; 非举止优雅、体贴周到的不嫁; 不浪漫温柔的不嫁; 非能力突出潜力十足的不嫁……对不起, 还是请你回家看看偶像剧来满足吧。挑剔没什么不好, 但是也要讲讲道理。

男人一生只会把一件事坚持到底: 喜欢 20 岁、漂亮、身材好的女人。尤其是当他们自身条件达到一定高度时, 这种坚持尤为明显。既然你左右不了男权主义, 就要把挑剔控制在适可而止。

2. 条件太好。

长相美丽, 有气质、有知识、有涵养, 家庭条件好, 又会赚钱, 不可否认, 你条件的确很好, 所以凡夫俗子入不了眼, 认为世界上只

有金城武 + 李嘉诚 + 苏东坡的综合体才配得上自己。你没有不自量力，因为你的确万里挑一；你也没有挑三拣四，因为根本不够男人让你挑三拣四。只是，且不说这种"综合体"的存在概率，就算你运气好碰到了，你确定"综合体"不是想要林青霞 + 李清照的综合体？你能保证他没有脚气，睡觉时不打呼？

3. 贞操观停留在一百年前。

洁身自爱很必要，但洁身自爱绝不是一味地拒绝亲近。在男女的世界里，爱和性相辅相成。上帝赋予了人类某些生理功能自有他的道理，都洁身自爱到违背自然规律了，是否也代表着可能不具备爱的能力？

4. 喜欢和男人抢着买单。

有能力自己赚钱买花戴，认为男女要绝对平等的女人十个有九个有女权倾向。想要 Prada，自己买；想要车子，自己买；想去欧洲澳洲旅行，自己去……一切想要的都能自己满足，甚至连保险丝断了也能娴熟地换上，衣食住行都自己搞定了，还要男人干什么？好吧，换一个角度，什么都要女人来搞定，这种男人你要了干什么？

5. 狠狠爱过，又被狠狠伤害过。

通常有过这种经历的人会走两条路，一条是关上心门独自疗伤，再也不敢轻易付出，甚至不敢再尝试爱。另一种就是破罐子破摔，从此万花丛中过。不论哪一种，本质都一样，认为此生不会再有真爱，只是宣泄的途径各异。这简直就是一种自残式的心理暗示。

6. 长相一般，还总是不修边幅。

这个问题实在没什么好说的，连动物都知道要通过扮靓吸引异性。

7. 个性太突出。

如果一个个性十足的女孩，在 25 岁之前还没有搞定对象，那么以后她的个人问题多半会棘手。个性这回事，在你 20 岁的时候耍点小性子那是吸引力，25 岁的时候可能成为排斥力，等到 28 岁就变成阻力。说到底，问题出在年龄身上，但无法改变年龄，就只能适应事态发展。

Part3. 你明白这些事会更容易嫁出去

1. 房子和车子绝不是衡量男人成功与否的标准。

找个有房有车的富二代，等着他 10 年以后坐吃山空，还是找个现在什么都没有的潜力股，10 年以后把你们的孩子变成富二代，你自己看着办吧。如果你要说瘦死的骆驼比马大，那我就无话可说了。

2. 别以为还有大把青春可挥霍。

多谈几次恋爱是对的，恋爱使人更成熟，这一点毋庸置疑。但次次都能惊天动地奋不顾身，次次结束时都能挥一挥衣袖不带走一片云彩，这就有点令人发指了。爱的能力也是消耗品，今天和这个恋爱，明天又投入了另一个怀抱，你可能要说你现在还只有 22 岁，很年轻，经得起折腾。没关系，过几年，再谈几次恋爱，就老了。

3. 不要向你有意向的男人过分坦白情史。

我们必须承认坦诚是美德，但坦诚到告诉面前这个很可能成为你丈夫的男人，你曾经有多爱你的前男友，你们如何相处，甚至你跟其中的某某同居过，那就实在是有点坦承得愚蠢了。撒谎和保密是两回事，就算你已经搞定了一个男人，这个男人目前也表示不介意你的过去，但你丰富的情史已经成了你们之间一个隐形的不稳定因素，就像一颗被藏起来的不定时炸弹。关于情史，不能不说，也别撒谎，但要有所保留，且坚决表明那已经是过去式的立场，让眼前这个男人肯定你的心在他身上。

没有男人会欣然接受自己未来的老婆跟人同居过，除非他爱你爱到可以去死，不过最可能的是他根本就没想过和你有结果。

4. 多读点书很好，但这跟恋爱嫁人没半点冲突。

据说剩女中有一部分是因为读书太久，心无旁骛，耽误了找对象。虽然有点夸张，但连国家法律都早就允许研究生结婚了，你为什么要坚持上学期间不谈儿女私情？难道非要等成为单身女博士，白天忙论文晚上忙嫁人，一出校门就变成剩女？

社会地位决定了女性幸福感最终还是大部分源自家庭。你一路顺利升学到博士，你术业有专攻，给你一堆铀你能造原子弹，但那有什么用？不论用什么你都造不出一个能娶你的满意男人！书要读，但也不要忽略感情。

5. 别把工作能力带到情感和生活里。

在职场上，精明能干、能力超群让你深受赏识，但这种作风一旦带到感情里，优势立即就变劣势。没有男人能忍受一个天天用上司口吻对自己发号施令的女人，尤其一山不能容二虎，哪怕一公一母。

6. 扩大交际圈。

宅是被剩下的原因之一。假如你一共才认识三个男人，一个已经结婚，一个看不上你，你还有选择的余地吗？如果没得选择，你又不肯屈就，那就只有一剩到底了。

别说朝九晚五、两点一线的忙碌生活困住了你，在狭小的圈子里，繁忙的工作或繁重的学业让你完全没时间想别的事，下班回家只想看个电影好好睡一觉。这统统是借口！只要你想，哪怕是上班路上与人拼个车也是一个交际圈！现在你可能觉得这些资源没什么用，但放在手边上又不碍事，还是有备无患好。

青春流逝太快，但不被剩下不是终极目的，结婚也不是爱情唯一的结局，更没哪个国家的法律规定女人没了男人就一定不能幸福。如果为了不被剩下而把自己变成另外一个人，一味去迎合，或者仓促找个人随便嫁了再离婚，那还不如被剩下呢。

女生应提高虚荣的技巧性

天下没有不虚荣的女人，关键问题在于，你的虚荣不能是恶俗。

某著名相亲网站曾发布一期《中国男女婚恋观调查报告粉皮书》，其中显示男性最不能忍受的女性缺点中，"虚荣"高居榜首。其实，天下没有不虚荣的女人，关键问题在于，你的虚荣在他眼中是可爱、古怪精灵、上进心，还是完全不能忍受的恶俗。

调查

针对此观点，我们对100名女性（年龄23～30岁之间）进行调查，看看实际情况如何。

Part1. 数字说话

你虚荣吗？

有虚荣心，但也能接受现实，基本在自己匹配的能力范围以内。

（47%）

很虚荣，希望自己什么都是最好的，别人有的我也要有。（46%）

不怎么虚荣。（7%）

另外，超过五成的被调查女性认为虚荣催人奋进，女人之所以幸福感比男人强，是拜虚荣所赐。网友碎碎念甚至说："有理想的人都是虚荣的。"

我们看到：天下的女人只分两种，虚荣的与很虚荣的。

抛出这个直白的问题，原以为许多被调查者会遮遮掩掩，却没想到勇敢的女孩们像直面自己脸上的青春痘一样直面自己的虚荣心。原来在女人心中，虚荣已不是错，难怪男人会视其为猛虎。

Part2. 男人最无法忍受的女人虚荣行为 TOP10

1. 夸大自己家的经济实力，夸大自己的收入水平。

2. 到餐厅时，喜欢说："我不喜欢这家餐厅，它家的鱼翅味道做得特别淡。"

3. 为买奢侈品节衣缩食，声称是为了减肥。

4. 总喜欢说某某的男朋友收入多少，开什么车，给她买了什么。

5. 炫耀自己与某些权势人物之间那些并不存在的关系。

6. 哪怕是到楼下小超市买报纸，也要花至少 30 分钟打扮。

7. 强迫男友送自己 99 朵玫瑰，必须送到办公室，必须保证全体同事都看到。

8. 买最贵的、功能最多的、最新款的手机，虽然大部分功能都不会用。

9. 在任何场合都脚蹬超过 5 厘米的高跟鞋。

10. 带着不屑一顾的神情说："我从来不买打折的东西。"

Part3. 男人作证

女人的虚荣不是男人前进的动力

我认识一个特别虚荣的女孩，自上班以来，工资没有超过三千，LV 包却有三五个。每天的 MSN 签名是去海皇吃了鲍鱼，去钱柜唱了歌，买了安娜苏的香水等等。她的名言是"女人的虚荣是男人前进的动力"，但据我所知，男孩跟她恋爱后，有的爱上了买彩票，有的爱上了打麻将，有的放弃有前途的工作跑去当保险推销员了，没哪个在她的逼迫下创业成功的。你想啊，创业哪那么容易，按她这种消费速度，还不直接把人家的创业资金拿去买 LV 了？她现在身边都是些已婚中年男人，功成名就，可以为她大把花钱，可这也不是她促进的呀。

（北野 27 岁 物流公司经理）

女人的虚荣是社会造成的，但不应该把压力都加在男人身上

如今的男人女人都虚荣，只是表现的方式不同。男人的虚荣表现在对权力的追逐，但他们基本上要靠自己，最多"恨爹不成刚"。女人的虚荣则表现在对物欲的追逐，而这种物欲的满足很大一部分要借助男人来实现。对于那些为买名包、钻戒而节衣缩食的女生，我抱以崇敬，但这样的女生其实很少，大部分都是为买名包钻戒而把男朋友折腾得死去活来。女人的虚荣是社会造成的，但不应该把压力都加在

男人身上。（阿饼 30 岁 某高校社会学专业在读博士）

　　男人喜欢女人不动声色的虚荣

　　女人完全不虚荣，就像观叶植物，绿则绿矣，全无风彩。适当的虚荣，能够让女人对自己有要求，就算不青春永驻，至少也能经得起岁月打磨。男人反感的其实不是虚荣女人，而是那种把虚荣摆在嘴上，穿在身上的。我认识一个女孩，为了能在公司举办的酒会上大放异彩，不仅去参加了一个贵妇礼仪培训班，还在家恶补红酒品鉴知识与吃五成熟牛扒之十项必知，虽然说起来也比较恶俗，但人家学到的至少是知识。让自己的言谈举止带着贵族范儿的虚荣，总比把奢侈挂在嘴上、穿在身上的虚荣容易让人接受。（王斌 29 岁 心理咨询师）

Tips

　　索菲亚·罗兰说，女人的魅力，50% 来自她自身，另外的 50% 则来自别人对她的看法。适当的虚荣成就女人的魅力，但一定要做到不露声色与不人云亦云。就算咱虚荣，也要虚荣得有点个性。

不要以为只用胸部就能锁定一个男人的心。

男人的爱 与罩杯无关

无论从遗传学还是生殖崇拜考虑，女人的胸部都对男人有重大杀伤力，但也别期望过高。虽然男人向来口是心非，但在对待用胸换来的爱这件事上，男人难得忠诚一回——他们真的只爱你的胸。

爱应该是涉及灵魂的，而男人爱胸只是表象，其实他们的爱，与罩杯无关。

调查

Part1. 男人的第一眼，告诉我们什么

就《你第一眼会看女生哪里》在男人圈里大范围做了一个诚实调查，结果如下：

20% 的男生选择看脸，统属外貌协会忠实成员。

47% 的男生选择看女生胸部。他们认为女生的胸部作为正面最有

立体感的部位，好比 3D 永远比 2D 瞩目。

12% 的男生选择看女生的腿，洁白修长的玉葱是这些男生的向往。

6% 的男生选择看女生的秀发，认为秀发的飘香和柔顺是他们的软肋。

11% 的男生选择美臀和细腰，丰乳肥臀小蛮腰，这话真没错。

4% 的男生选择其他。其中包括手、脖子、脚部等。

还是学习下把男人看胸当成饿了要吃饭、困了要睡觉一样，理解为这是出于人类的本能吧。

调查延伸一：

胸≠未来，美要美得自然

在这次调查中，很多男生表示自己最没有办法忍受的是，明明自己的胸不是很大，但却还要硬挤，甚至有一些还去做隆胸手术。男生表示其实胸部并不需要多大，也并不需要多坚挺，最原始的状态是最完美的。

第二，作为女友，没必要非得找个大胸的女人给别人看。调查中 95% 的男生对于别的男生注视自己女友的目光表示有压力以及嫉妒。

调查延伸二：

胸≠性感，吸引不表示需要拥有

在调查中，对于"女生最诱惑男生的地方"几个选项几乎持平。选项包括：胸部丰满；超短小短裙；若隐若现的内裤蕾丝边；各式各色丝袜。其百分比分别为 27%、24%、23%、26%。男生喜欢诱惑带来的幻想，而这种感官刺激并不只有胸部才能做到，调查中绝大部分男生都表示对于用这种方式诱惑自己的女人保持观望态度。

如果你想吸引他的注意，最好的方法估计还是循规蹈矩，对于爱情从来没有什么捷径可以走。

调查延伸三：

胸 ≈ sex，不接受纯粹的性爱，就不要拿出来诱惑

调查中，88% 的男生觉得胸和 sex 直接挂钩，并有 60% 的男生认为她抛胸诱惑就表示她对自己有"性"趣。

所以女人们请时时刻刻记住，如果想露就必须先做好他只奔着对你身体一探究竟去的心理准备。尤其在你抛胸之后，就别再相信他的鬼话，告诉你他的爱特柏拉图特高尚。对于真爱，并非无法建立在性爱之上，只是稍微有些困难。

Part2. **Acup 女生的取舍**

欧美女性的丰满我们就不提了，同是中国女性，光是个体差异已经足够"太平公主"们苦恼。

只是这些天生既定的事情，若不是把基因拆了重组也没有治本的办法。若要苛求，还不如懂得如何取舍。

取：选择合适自己的衣服出门，上衣多一些装饰或者在胸前有细节的衣物。

舍：挤胸，展示挤胸效果，出门必穿 V 领。

取：昂首挺胸做女人，保持应有的自信。

舍：选择错误的内衣死撑或是极力辩解自己比 A 要大。

取：对于自己男友，保持宽容的态度，他并不是好色或是花心，这只是出于男人的一种本能。

舍：苛刻地要求男友只能围着自己转。

取：坦然接受自己的尺寸，发掘身上其他发光点。

舍：一听到平胸等敏感字眼就发飙。

取：亲昵的时候让男友感觉到你的心跳。

舍：亲昵时惧怕男友嫌弃自己的胸部太小而左遮右挡。

Part3. **女人，请放轻松**

不患贫而患不均，东方女性以 A cup 居多，其实自己早应该坦然接受事实，放开怀抱。

而偶有走在平均数前面的女孩，也请不要过分发扬优点，落得"胸大无脑"的骂名。

如果你是 A cup，整体感比深 V 更重要。

为了不让自己在第一眼就输给别人，女人不但为了胸部花尽心思，甚至还赔了不少银子。

关注细节而忽略全局的毛病女人总是很容易犯，胸部并不是越大越好，也不是越深的事业线就越得人心。新西兰威灵顿大学的一项研究发现，在腰围／臀围比固定的前提下，胸部的大小对男性吸引力的改变并不明显，而腰围／臀围比为 0.7 的女性最能刺激男性眼球。

所以就直接视觉而言，事业线并不是最重要的，肥臀小蛮腰才是大杀器。

此外，俘获男人的爱，除了身高、三围、衣着等硬件条件，性格、兴趣爱好都通通在考量范围之内，这个小孩子都懂，不要以为只用胸部就能锁定一个男人的心。

如果你是 B cup，知足吧，你已经是佼佼者。

你应该庆幸自己已经拥有了东方男人眼里最完美的罩杯，你没事儿就偷着乐吧。在这事儿上无须太精益求精。

所以适当利用这个先天优势就好，别过分开发。

如果你是女人，谨记爱的维持不靠大胸，靠保鲜。

如果说男人最喜欢的感情生活是什么，无非是想和你过下去的激情。

激情绝大多数来自于不断的惊喜，试问为什么结了婚的男人会出现小三，不是他们不够忠诚，而是太习惯了这个人，所以才去寻求刺激。刺激并不一定来源于上围如何丰满，身材如何如何，重要的是有一份新鲜感，刺激他的神经末梢促使荷尔蒙分泌。

在傲人的胸围面前，男人定是爱胸围，但在爱人和胸围面前，男人一定选择爱人，因为男人的脑袋里性和爱是分开的，而在女人眼里性爱是一体的。所以当你想用性留住他的时候，其实你已经失败了一半。

要抓住男人的心,
先学会好好爱自己

只有不断提升自我,
将自己变得更好更有魅力,
才能持久吸引恋人。

当你爱上一个人的时候,你能做的唯一事情就是付出。为了得到对方的爱,这种付出往往散发着母性的光辉,忘我到全心全意、不顾一切。

聂鲁达曾在诗歌里这样形容为爱付出的精神: "你是我贫瘠土壤里的最后一朵玫瑰"。恋爱中的男女永远享受付出的过程,但是,如果你想抓住男人的心,就不能仅仅是付出,或者永远停留在只爱对方,忘记爱自己的状态里。

生活中我们常遇到这样的人,为爱付出太多,却总得不到回报。这些人喜欢一厢情愿地从别人身上找原因, "遇人不淑" "狼心狗肺陈世美", 但从来没有想过,付出不是以多胜少的战役,富有生命力的爱情总是处于一个平衡的状态中,当任何一方的爱过于强烈和炙热,只会占用对方的付出空间,让爱情的天平失衡。

法国著名社会心理学家雅克 · 萨乐美通过多年研究发现,只有一个爱自己的人，才能更好地去爱别人，并且得到别人更多的爱。因为"爱自己"的人懂得：控制自己，比控制对方更重要。而一个缺乏自爱意识的人，通常会在控制、猜疑对方的道路上与幸福越走越远。

通俗一点儿说，姑娘们，要想抓住男人的心，请先好好爱自己。要知道，当我们越能接受和宽容自己，就越能接受和宽容他人，越能爱他人。

Part1. 学会爱自己，是学会谈恋爱的首要条件

首先学会"爱自己"

毋庸置疑，80后女生已经非常"爱自己"，社会舆论普遍认为，这种"爱自己"的状态已经与自私、自恋难以区分。

但今天我们所提倡的"爱自己"，是一种源自善意和尊重的情感方式，是宽容地接受全部的自我，爱自己的优点和缺点，对自己有足够的自信。核心是：认为只有不断提升自我，将自己变得更好更有魅力，才能持久吸引恋人，而非通过盲目付出、控制和猜疑来维系感情的稳定。

举个简单的例子，两个皮肤偏黑的女孩，一个"爱自己"，另一个"缺乏自爱"，当她们的恋人同时结识了皮肤雪白的异性朋友，两个人的表现大相径庭。"爱自己"的女孩不会把这当一回事儿，于她而言，男人不在乎白小姐还是黑小姐。但"缺乏自爱"的女孩会在潜意识里拉响警报，对白小姐产生敌意，甚至试图控制恋人与白小姐之间的关系，希望白小姐永远消失。

所以"爱自己"与自私、自我的本质区别是：它不是只考虑自己，

而是以一种自信、平和的心态与人相处。当我们越能接受和宽容自己，就越能接受和宽容他人，越能爱他人。

"缺乏自爱"的人往往得不到爱

在心理学上，"缺乏自爱"是一种隐性表现，自己很难发觉。

当你不爱自己时，你的付出因为过量而变得廉价，原本属于你的提升自我的时间和精力被拱手相让给恋人，他开始变得越来越好，而你变得越来越差，随着你们之间的差距逐渐拉大，最终你被淘汰出局。从古至今，黄脸婆的故事演绎了一遍又一遍，到现在，21 世纪的女孩们该醒悟了！

另外，"缺乏自爱"的人对自己和爱情都非常苛刻。一方面你总是抱怨自己的缺点，却很难作出具体改进。另一方面，你的注意力都聚焦在恋人身上，控制欲变得异常强烈，喜欢怀疑和猜测，要绝对占有和支配，你会把他当成私有资产，经常电话追问行踪，过滤他的朋友和嗜好等，他完全没有任何一点弹性空间。再者，由于你对自身缺点的耿耿于怀，导致你在这些方面非常不自信。这使得你总想给恋人洗脑，试图让他认同你的观点。比如自己矮就希望他觉得高个儿女孩都很强壮等等。

总体来说，"缺乏自爱"的人很难得到爱，即使得到了，也永不满足。如果想改变这种状态，就从"爱自己"做起，正如父母能给予孩子的最好礼物，不是很多很多的爱，而是教会他们学会爱自己。

Part2. 两个足够自爱的人能创造爱情的所有可能

心理学家将一段恋爱关系比喻成一条三角围巾，里面有3个要素：我、恋人，还有我们之间的关系。

在一段功能失调的关系中，我们常常想要控制对方，或者等对方来管理自己。两虎相争必有一伤，结局无非是鱼死网破。但在一段尊重对方可能性的关系中，当两个人都对自己的角色负责，意识到控制好自己就是把握住了感情，这将引导我们走向爱的创造力、独立和自由。

1号正面榜样 刘嘉玲

在香港，最资深的娱记也要给刘嘉玲三分面子，因为她除了是梁朝伟的妻子，更是港岛女性"爱自己"的一面旗帜。

经历过太多的风云变幻之后，刘嘉玲的爱情观理性而成熟，"安全感很重要，但安全感可以来自自己，我觉得不应依附在其他人身上。你爱自己的话，别人就不能不爱你！作为一个不同寻常的女人，自信很重要，我不在意别人说什么。"

结婚前，有人问梁朝伟，你喜欢静，刘嘉玲爱热闹，你休工时不出门，她天天泡夜店，你只有张曼玉一个红颜知己，而她绯闻漫天飞。这样的女人，你为什么爱她？梁朝伟的回答很简单："我很享受与嘉玲间的关系，我们都是比较爱自己的人，不会投其所好为对方改变什么。但我们都尊重对方的生活，明白控制好自己大家都开心，这就足够了。"

据说王菲嫁给李亚鹏之前，曾和刘嘉玲有过一次深入的探讨。表面上傲骨的王菲，其实内心非常脆弱，一向只爱付出的性格，让她对婚姻产生莫名的惧怕。是刘嘉玲鼓励了她，告诉她爱男人，更要爱自己，一对"爱自己"的恋人就像并排行驶在不同车道的两辆车，只要不越过对方的车道，速度再快都不会发生交通事故。

后来那英、赵薇等人在接受采访时，都说自己从刘嘉玲的身上学会了很多道理，最深刻的一点是，真正意识到爱自己，就是坚持自我，保持清醒和自省，不被外界的干扰影响内心。

2号负面榜样 贾静雯

虽然自嫁入豪门的那一天起，贾静雯的婚姻就不被外人看好，但当她在新闻发布会上宣布婚姻失败，哭得泪流满面时，众人心里一惊，怎么落得如此悲惨的地步？

贾静雯与"小开"孙志浩认识仅数月就未婚先孕，当时很多粉丝认为孙志浩除了有钱没有任何地方能配上贾静雯，但贾静雯铁了心要嫁给他，甚至婚前与孙家签下一纸合同，声明结婚后不再拍戏。可婚后，孙志浩依然频繁出入夜店，贾静雯生产前一夜他依然与辣妹勾肩搭背，贾静雯为挽留老公的心，花大心思把家里布置得像夜店。

婚变后，张小燕为贾静雯打抱不平，但最令她怜惜的是："静雯真的付出太多，4年里淡出屏幕，嫁人时是她最红的时刻。她一心只爱着老公，男人怎会买这个账。"

男人买不买账，是一回事，女人爱不爱自己，是另一回事。当一个人不爱自己的时候，她就期待着一种无条件的爱。这种要求不可避免地把别人对自己的爱不断置于考验之中，迫使自己永远生活在一种无意识的恐慌之中，永远不确定自己是不是真的被人爱着。

不管是贾静雯，还是平凡如你我的女人，都要先学会爱自己，只有把爱转化成一种自觉意识，不再依赖他人的评价支撑，才能感受到这种方式带给你的真正快乐。

Part 3. "爱自己"的女人更有吸引力

受访者: 暮春三月 / 28岁 / 专栏作家 / 现居北京

在条件相同的情况下，如果有两个女孩，一个全心全意爱你，另一个比较爱自己，你会选择哪一个?

暮春三月（以下简称暮）：张爱玲说每个男人都有两朵玫瑰，红玫瑰和白玫瑰，第一个女孩适合做白玫瑰，守在身边，第二个女孩适合做红玫瑰，爱在心里。你明白我的意思了吧，当然是第二个更吸引人。

你身边有"爱自己"的女孩吗? 你怎样评价她们?

暮: 当然有，北京有很多这样的女孩儿，独立、爱美、有思想。我觉得很有杀伤力。她们总是有所保留，不让你一眼看透，她们有自己的生活，不会完全依附你，黏着你。还有一点很重要，无论男女，虽然知道自己并不完美，但依然赋予自己一种重要性。这是非常吸引人的，我也是一个"爱自己"的男人。

男人的控制欲总是强过女人，如果女朋友希望你控制好自己就可以了，不要对她有过多干涉，你能接受吗?

暮: 我一直认为，想要控制一个人，这想法本身就是很愚蠢的。

无论你能否通过控制她的行为控制她的心，控制这种欲望都意味着对方没有任何空间，像笼子里的白鼠，终日活在焦虑和紧张中。再者，当你控制她的时候，她要么反抗，要么也想控制你，一个完全被你控制而毫无怨言的女人，自新中国成立就灭绝了。到现在，80后、90后的姑娘们只想控制你，你还想控制她们，门都没有！

不要把他对你的控制欲当成爱

> 控制并非全心全意地爱着你，而是通过把自己对爱情的信仰和期盼固定在你身上，来满足自己的感情。

Part1. 控制欲是一种本能

严格意义上，男人的控制欲远远强于女人，而我们的文化也早已默认了男人的控制地位和女人的被控地位。在恋爱关系中，张弛有度的约束关系无疑让爱情更加甜蜜，但生活中，有能力把握好控制尺度的男人，少之又少。

更何况，如果你面对的是涉世未深的毛头小子，那他免不了要对你的生活指手画脚。这样的男人并不可怕，青苹果总有涩的时候。但如果你遇到另一种男人，他们是几近病态的控制狂，却凭借聪明的头脑和深谙女人的经验将自己伪装成"肚里撑船"的王宰相，一边用宽容大度哄着你，一边用占有的绳索将你死死捆住。

把控制说成爱，是控制狂惯用的伎俩。你成为他寄托爱情的一个活物。你顺从，他得到了情感上的满足；你反抗，他无法完成安全的幻想。

Part2. 当爱成为控制的理由

男人的控制欲分为显性和隐性两种。前者没有技术含量，一般采取直接的语言和行为来影响被控者的行为和思想，不笨的女生都能轻易识别。后者属于情商范畴，是用一种让被控者产生错觉的方式，比如把控制说成爱，来实现自己对对方的控制。大多数女生意识不到，即使有所察觉，也不能及时醒悟。

生活中，隐性控制狂到底是怎样的男人？他们有没有一眼识破的鲜明特征？为此我们采访了100名18～30岁的青年男性，从中总结出5大特征。

隐性控制狂的5大特征

表面上对你放任自流，暗地里却偷偷监控。

具备这种特征的男生往往相当自负，言谈举止间流露出不可一世的狂妄和自大。他们从不承认自己有控制欲，表面上宽容大度，能轻而易举地获得你的信任和尊重。但实际上，他们对恋爱关系有天然的恐惧感，尤其在你与异性交往方面特别紧张，生怕被劈腿让自己处于被动地位。他们通常采取的监控方式有偷看手机短信、聊天记录和跟踪等，以此获得内心的安全感。

之所以会出现这种人格分裂，因为他们并不是真的自信，而是非常自卑。行为心理学认为，人只有在自卑的情况下，才对尊严极其敏感。而一个极度需要尊严的人，控制欲容易变得特别强烈。但这种控制欲并非出自爱，更多的是为了平衡缺失的自信。

和这样的男人交往，最大的危险在于你永远无法进入他的内心世界，你必须小心谨慎不被他抓住一点把柄，因为他从未打算与你深入交流，所以即使是一条误会的短信都会使你们的关系分崩离析。

所有的约束都是为了你好，太爱你怕你受伤害。

具备这种特征的男生都是"好好先生"，他们通常心细如发，喜欢为你安排好一切，当然都要按照他们的意愿行事。如果你有任何异议，他们会苦口婆心地告诉你这样做的好处，优缺点列举得头头是道，总之全是为了你，一切为了爱。

几乎所有的女孩都会坚定不移地认为这样的男生一定爱自己爱到发狂，但事实上，在这种关系里，他并非全心全意地爱着你，而是通过把自己对爱情的信仰和期盼固定在你身上，来满足自己的感情。一旦你想要反抗或断绝关系，他们就无法完成安全的幻想，极易变得暴躁不安、疑神疑鬼。

公安部曾做过一个独立调查，刑事案件有三分之一发生在最亲密的人之间，那些肇事者经常是以爱的名义行恶，当他们说自己的确是因为爱才向对方泼硫酸或者砍上几十刀的时候，还显得极其真诚。

我们当然没必要把结果想得那么恐怖，但不可否认的是，他们既然能带你上天堂，也就能带你下地狱。而具体怎么走，完全看你是否真的愿意委身于这段冒险的爱情。

伪装成最懂你的人，希望你永远依赖他。

具备这种特征的男生通常表现得成熟老练，将自己伪装成阅人无数的情场浪子，他们仿佛比你更了解你，一眼就能洞穿你的内心世界。当你相信了他们的判断，也就正式成为被控者。

在思想上快速控制一个女人的最佳方式是，对她说一些情投意合的话。因为潜意识里，女人总以为懂自己的人，是有权利也有能力对她们进行指引和控制的。而一旦她们相信了这个男人，她们也会无条件地接受他的一切，包括严格控制和无理取闹。

行为心理学认为，长期形成的思维习惯会削弱人们对控制行为的识别能力。也就是说，当你接受和认同了一个人，就会逐渐放松警惕，将他传递的信息全盘接受，最终成为他的拥趸和粉丝。

他用头脑你用心，这种关系不叫爱情。我们可以全身心地爱，但至少是等值的交换。如此这般盼不到天长地久，请你提前做好被劈腿的心理准备。

一旦遭遇情感危机，会用自虐的方式逼迫对方妥协。

具备这种特征的男生通常抗压能力极差，一遇挫折就悲天悯人痛苦不已。他们的情绪控制能力非常之弱，声嘶力竭的哭喊和歇斯底里的愤怒都是家常便饭。这种男人的口头禅多是带有恐吓成分的假设句式，"如果你……我就死给你看"，语不惊人死不休。而刀片一定是随身携带的小道具，有事没事掏出来上演一场"殉情记"。

他们真的有勇气为爱命赴黄泉吗？答案显然是否定的。在遇到情感危机时，这种男生会采取向内的攻击模式：自虐。通过利用被控者的同情心或者对可怕后果的恐惧心理来达到控制目的。

这种控制绝非为了爱。我们知道一个不爱自己的人很难真正爱别人，他们不过是在寻求安全感，因为一个顺从听话的女朋友就是他们内心中的另一个自己。

这种男生对我们的杀伤力最大，他们像狗皮膏药一样死缠烂打难以清除。唯有横下一条心，快刀斩乱麻。请相信分手后，他们会活得很好很开心，因为懦弱的男人永远舍不得解决自己的生命。

极度固执爱钻牛角尖，无法接受相斥的观点。

具备这种特征的男生往往非常固执，喜欢钻牛角尖。即便是一件小事，他们也会不惜一切代价，只为让你认同他们的观点。一旦发现你有独立思考的倾向，他们会非常恐惧，常采取打击、嘲讽的态度让你停止思考。

在一段健康的恋爱关系中，如果两个人的观点有小的冲突，彼此进行讨论和争执是一件有趣而快乐的事情。但对于控制欲极强的人来说，这种冲突意味着威胁、攻击和反对，会让他们感觉到自己的支配权有分离倾向，所以他们会进入备战状态，尽可能地压制独立，以换取权利的保障。

与这样的男人相处，你会发现交流变成一件多余的事情。谁也无法改变他们内心既成的想法，你必须完全彻底地失去自我，而如此牺牲的前提竟然是，他其实一点儿也不爱你。

Tips

控制和爱情没有必然的联系，我们通过心理学研究发现，人们容易把爱当成控制的理由。很多案例表明，控制者本身也不知道自己的病态心理，完全意识不到自己正在疯狂地控制别人。遇到这种情况最好三十六计，走为上策。如此想要控制你的人，并不是真心爱你的，与其这样浪费时间，不如去寻找真爱你的人。

防火防盗
防闺密

> 防了不一定高枕无忧，但能保证，背后插你刀的不是你身边亲近的人。

女人一生中，总有几个亲密无间的贴己，这些贴己被温暖地称作闺密。

因为亲密无间，你从不对她设防，忽略了手帕交贴心贴肉的时候能掏心挖肺，转身挖起墙脚来也能毫不留情。

因为亲密无间，如果提防了会不会亵渎友谊？对如此亲密的人也要长十二万个心眼，那岂不是会活得很累？而若不防，女人为爱疯狂起来实在可怕，借口爱而背叛的事，时刻都在上演。

这看起来实在难两全。

爱情路上，闺密要不要防？当然要！

话又说回来，"防火防盗防闺密"，防了就高枕无忧吗？当然不。爱情不设底限的男人大有人在，天要下雨，男人要出轨，这些都是不可抗力，但至少你能保证，在背后给你插上两刀的不是你身边亲近的人。就算全世界的男人都抛弃了你，也还有闺密向你敞开怀抱。

Part 1. 你的闺密安全吗?

闺密是小棉袄,但也可能随时变成你最大的情敌。先来看看下面的测试,看看你的闺密是否安全。

1. 她单身或恰巧失恋。

2. 她总是花枝招展,尤其在男人面前。

3. 她温柔体贴,一看就是贤妻良母。

4. 她的手机里所有闺密男朋友的电话一个不漏。

5. 她和你聊天,内容百分之八十都是关于你男朋友。

6. 聚会,她跟你男朋友的交流多过和你。

7. 她开始频频出现在你们家。

8. 她没事就爱找别人的男朋友谈心聊天。

9. 她总是很神秘,尤其在感情方面。

10. 她对你们的感情发展处处关心。

如果以上情况,你的闺密出现 5 种或 5 种以上,那么她多半就是司马昭之心,除非你不想留下这个男人,否则,你可要打起精神应付了。

Part 2. 4 道防线 预防闺密挖墙脚

赵飞燕和赵合德这样的亲姐妹都能抢男人,可见世界上实在没有一种稳固的女性关系能和平解决男人的问题。既然无法解决,那唯一的办法就是尽量避免它发生。

1. 不要总是依赖闺密解决你们的感情问题。

手帕交、姐妹淘,用来帮助解决感情烦恼名正言顺。闺密在你和你男友之间充当感情顾问，你们的酸甜苦辣，大到要不要分手，小到今天为了一句话和男朋友赌气，闹别扭时帮你们缓解气氛，凶险时替你们出谋划策、穿针引线。恋爱是谈出来的，当闺密频繁地和你男朋友聊天谈心，因为旁观者清，她解答的都是他的困惑，句句说到他心坎里。

闺密永远比男朋友更懂得倾听，她作为你们的长期免费私人情感顾问，对你们之间的核心矛盾了如指掌，甚至比你更了解你自己和你的男朋友。我明敌暗，她不动心思则矣，她若心思一动，三振出局的人百分之九十就是你。

2. 保护你们的私人空间。

聪明的女人进入男朋友的圈子，蠢女人则带男朋友进自己的圈子。我们不得不承认，爱情来时，女人大多时候都在干蠢事。

大多数女人喜欢在和男朋友约会时带上单身闺密，甚至呼朋引伴带上一大票姐妹，一来彰显自己没有见色忘友，二来人多热闹气氛好。气氛好是没错，只是气氛好也容易出乱子，所谓近水楼台先得月。

更有甚者，干脆将失恋的闺密招来和自己的男人在一个屋檐下生活。这种精神，简直媲美舍身饲虎的摩诃萨青。当然，最后不是进入幸福的天堂，而是陷入背叛的地狱。同在一个屋檐下，二人世界变成三人行，闺密参与了你和男朋友之间几乎所有的活动，最后他们参与到一起自然也不是什么惊天动地的事情。既然你大度到认为自己的私人领域可以和闺密分享，那么男人的被分享也必然顺理成章。

恋爱需要相对独立的环境，爱情持续的必要条件之一，就是必须有一个只属于你和恋人的私人空间，这个空间不能受任何人打扰，哪怕是你们双方的父母。

3. 不要让闺密总是成为你和男友之间的话题，也不要和闺密百无禁忌地谈论自己的男朋友。

女人频繁地在另一个人面前提到某件事或某个人，通常只有三种心理：喜爱、厌恶或者炫耀。产生的后果也常常有三：让对方反感、产生兴趣或者招来嫉妒。不论哪一种，都足以给你带来毁灭性的打击。

因为是闺密，所以你会经常在男朋友面前说她的好，而把自己的毛病都暴露在他面前，最终结果就是男朋友喜欢上闺密。

这话当然不绝对，但不可置疑，无论好话还是坏话，一个女人如果经常在自己的男朋友跟前提到另一个女人，这无疑为那个女人创造了吸引自己男朋友的最佳条件。好奇害死猫，当你的男朋友在你的"强迫"下对你的闺密产生了某种兴趣，恰巧你的闺密也因为你的"隆重介绍"对你的男朋友产生"怜惜"或者觊觎而试图加入这场爱情，那离东窗事发之期必然不远。

4. 不能让男朋友长期代为照顾闺密，更不能把男朋友交给闺密照顾。

男人的智商不止三岁，暂时离开你的照顾绝对不会死，女人也并非个个全是林妹妹手无缚鸡之力。真正交心的闺密，有事一定是打电话给你，而不是第一个想到你的男人。

托闺密照顾自己男朋友和托男朋友照顾闺密同样不可理喻。好男人体贴起来能让女人忘了爹妈横刀夺爱，女人温柔起来也能在瞬间激发男人的贪恋之心，在世界上，还有一种爱叫"日久生情"。最冤枉的是，这一切都是你自己一手造成的。你这样拱手相送的好男人或经过你重重选拔挑出来的好女人，人家凭什么白白不要？

Part 3. 被闺密挖墙脚了怎么办？

闺密登堂入室，正牌女友变成昨日黄花，怎么办？为了寻求心理安慰，你可以把自己标榜得高尚一点：祝福他们吧，至少闺密让你同时看清了与你最亲密的两个人的真正嘴脸，这听起来并不坏。如果实在咽不下这口气也没关系，男人为闺密背叛了你，也会为别的女人背叛闺密，这是必然，因为女人只希望有一个爱自己的男人，而大多数男人梦想的却是所有女人都爱他一个，他在遇上又一个爱他的女人时，通常会对以上推断身体力行。

要不要原谅出轨的闺密和男朋友？

男人为了友情可以两肋插刀，女人为了爱情可以插朋友两刀。好了伤疤忘了疼只会让伤疤越来越多，越来越深。插过你两刀的闺密还留着当小棉袄？那我只能眼睁睁看着你下次继续被插两刀。

恋爱教会人很多东西，男人和女人所学的区别在于，男人学会的是作诗，而女人学会的却是做梦，梦想男人会为了自己彻底洗心革面。

男朋友和闺密暗度陈仓，东窗事发后死皮赖脸回来请求你原谅。他懊恼一失足成千古恨，他摇身变成二十四孝男友，他发了世界上最恶毒的誓要痛改前非，他恨不得为了证明自己已知悔改肝脑涂地……如果这样你都能不动恻隐之心将他扫地出门，那我真要怀疑你们之间到底有没有爱情。但是这其中有一个悖论，那就是，原谅之后，可能出现的情况有两种，其一，他继续暗地里和你的闺密勾勾搭搭；其二，旧的不去，新的不来，他找了个新小三，你方唱罢我登场。

被抢的男朋友要不要抢回来?

男人不是东西,所以很难确定归属权。这其实是个看似重要,实际上又毫无必要的问题。那就说得现实、直白一点吧,如果你比她漂亮还被她抢了男人,那么她的心机可见一斑,再斗下去你基本上没有胜算。如果你没有她漂亮,那请恕我直言,你就更没有胜算了。既然横竖都是没有胜算,何苦要死要活折腾自己?

抢不抢回来其实不重要,重要的是你得想清楚,就算你费尽心力抢回来,这个反复朝秦暮楚的男人还有什么用?

女人在爱情里最容易犯的错误是永远找不到问题的症结所在。被闺密挖墙脚后第一反应是认为闺密勾引了自己的男友,恨不得将她大卸八块,这有点类似于肉包子打狗有去无回后,只怪包子不怪狗。女人只想和心爱的男人朝朝暮暮,男人对女人却总是朝秦暮楚。一个巴掌拍不响,既然狗喜欢肉包子基本上是不可改变的事实,那么就算你打败了身边最亲密的这个包子,那你有把握打败接下来的包子吗?如果你有把握,那么恭喜你,你将会拥有一日比一日精彩的下半生。如果没有,那还是尽早放弃吧。

闺密不是仅仅一起吃喝拉撒倒苦水,真正的闺密,她会主动和你的男朋友保持距离,无论发生什么事,她永远站在你这边,她关注的永远是你,而不是你的男人。两心相许才是一场爱,真正顾及你的男人更会懂得瓜田李下自避嫌疑。

真正可靠美好的爱情和友情并不是童话,与其风声鹤唳劳心劳力防这防那,不如一开始就睁大眼,找一个自爱的男人和一个真正肯为你两肋插刀的闺密。

谈恋爱不要过分听取朋友意见

学会从朋友的眼光中毕业，练就一双自己的慧眼才会获得好姻缘。

在群居的动物里，最复杂的莫过于女人之间的友情。男人最难理解的莫过于——明明同性相斥在女人身上体现得极致，但是她们又偏偏离不开彼此。

小到逛街、买衣服、化妆、做头发，大到炒股、买房、交男友，女人对彼此信息的依赖程度远远超乎男人的想象。在约会中，男人往往不明白女人为什么在饭局中去个厕所都要相约同行，那是因为女人连上厕所的空当，都要听听朋友对这个男人的评价。闺密总是为你好的那一个，谁没事会咸吃萝卜淡操心？

然而，身外之物都是可以被数据理性化，唯独感情很难抢先定义。关于爱情有句烂透的俗话说"鞋子是穿的人才知道是不是适合"。因此，恋爱要不要听朋友的意见，见仁见智。

Part1. 两性万花筒

对于女生恋爱要不要听朋友意见，男人这么想：

不认可女生谈恋爱听朋友意见的男性占 52%。

这部分男性认为女友的闺密对他们感情而言是搅屎棍，除了添乱没别的。

认为女生恋爱应该选择性过滤朋友意见的男性占 36%。

这部分男性觉得有时女友闺密的意见也能推动恋情的发展，但觉得举事必问闺密的女友很烦。

认可女生谈恋爱应该听朋友意见的男性占 12%。

这部分男性觉得女友听听也无害。

对于恋爱要不要听朋友意见，女人这么想：

61% 的女人觉得谈恋爱应该听朋友的意见。

认为听朋友的总没错，男人哪有闺密靠得住，前者总在辜负你，后者始终都会在。

22% 的女人觉得谈恋爱没必要听朋友的。

这部分的女人总是认为自己的选择自己负责，就没必要瞻前顾后，更没必要听朋友的。

17% 的女人左右为难。

她们很犹豫，怕伤了好朋友的心，但更怕听朋友意见伤了男朋友的心。

Part2. 闺密与建议

对于恋爱中的男女而言，排他性意味着两人之外的人都应该对此保持距离。当然，陷入恋情的女人多半昏了头，有时有几个理智的旁观者总不是坏事，但是，只要是意见，多少掺杂主观臆想，而且女人的友情很微妙，说不好每一个意见都是出自真心好意。

闺密类型	特征	意见	点评	注意
挑剔型闺密	眼光挑剔，对朋友常有护犊心态，虽无微不至但难免独断专横。	询问她们意见，她们通常会觉得——A君过于轻浮，和他恋爱跟走钢丝般提心吊胆；B君太死板，毫无情趣可言；C君更别提了，请客吃饭时掏钱包的速度比蜗牛还慢。等着，你很容易就从轻熟女步进剩女的行列，试想，几个男人经得起女友那群浩浩荡荡、婆婆妈妈的闺密列队拿着放大镜照自己。	闺密不是我们的妈，没必要总是躲在她们的羽翼下审视男人。这类闺密挑男人的目光比我们的妈还毒，往往会使你错失一个个好男人。太实际了，总会失去很多乐趣。要学会从朋友的眼光中毕业，练就一双自己的慧眼。	如果这类闺密处于已婚状态，那么她们最实际的地方就在于通常她们会比你了解婆媳相处之道。假如想搞好和未来婆婆的关系，倒可以请教她们。

闺密类型	特征	意见	点评	注意
字典型闺密	爱情里屡败屡战，屡战屡败。喜欢旁征博引，认为自己洞悉两性相处之道。	这类闺密讲起爱情头头是道，也许谈的恋爱次数还没女友多。最常挂在嘴边的就是没吃过猪肉也见过猪跑，她们喜欢归类男人，会汇总自己人生中道听途说的恋爱经验，把它们一一传授给女友。但是你当真把这些所谓的恋爱哲学运用在自己的爱情里，却只会把局面越弄越僵。	总高高在上，四两拨千斤给你指点江山，往往看不清自己身在何处。很多女人往往弄不清"吃过猪肉"和"见过猪跑"根本是两个概念。两人相处的症结何在本来就只有彼此清楚，要是连自己都犯糊涂，第三者的意见能有多靠谱? 要学着独立起来，别再在爱情里人云亦云。	万事总是不可避免会有共性的，字典型闺密可以是你了解男人喜好的参考消息。

闺密类型	特征	意见	点评	注意
对手型闺密	无论从小长大还是社交场合结识，喜欢攀比，嫉妒心强，适合吃喝玩乐，不适合心灵沟通。	这类闺密热心参与女友生活，但内心又喜欢攀比，担心女友找的男友胜过自己，女友的爱情生活太过幸福。由此产生羡慕嫉妒恨的情绪。故此眼光看法与你对立，她给你的意见貌似用心良苦，却总让你感觉不对劲心里不踏实，或许她给你的意见别有用心。	有些朋友是永远不会向你表达她真实想法的。解释为基于谨慎，不如说基于某种微妙的竞争心理。因此她们给你的，总是与你幸福真相相左的信息。情感的事，差之毫厘失之千里，信息一错误，很可能你就耗尽了大半个青春。如果你珍爱生命，就一定要远离这类意见。	这类朋友有时也是一面"照妖镜"，你把她们的意见反过来，就负负得正。真相有时就住在谎言的隔壁。

闺密类型	特征	意见	点评	注意
旁观型闺密	冷静，不主动过问朋友的私生活，信奉"有事解决事，没事别找事"。	这类闺密的口中基本听不到对朋友男友的评价。你很难想她会有跟你同仇敌忾的时刻。有时你甚至觉得她们有些淡然，更像局外人。但一旦她给出平日不轻易给的意见，总是实用客观。	好的闺密通常遵循"三不"原则——不主动干涉朋友的感情事，不拒绝朋友的求助，不要求朋友对自己意见言听计从。她们十分明白朋友的相处之道是务必保持彼此相对独立的人格。真心为你好的朋友，给的意见总是中肯公道，不会偏颇哪方。恋爱中的人总是昏头的时刻多，关键时刻还是需要被当头一棒喝。	重点是你要分得清什么是别有用心，什么是逆耳忠言。

Part3. 让男友喘口气

1. 身为女人，没有谁比我们更清楚众口铄金的力量，哪有男人经得住八婆们的考验？既然选择和这个人相爱，当然要相信自己的眼光。说到底，感情是一双鞋子，再怎么华丽的鞋，没有足够的自信很难把它套在脚上走多远。

2. 别人的经历到底是别人的，和你的经历不可能完全契合。著名的达·芬奇画蛋的故事告诉我们，即便同一只母鸡下的蛋都是形状各异的。因此有自己的相爱之道太重要了。一段总是依赖旁人建议渡过危机的情感很难持久。

3. 人生路太漫长，指路的人太多，没有一颗笃定的心，怎么劈得开一路荆棘？耳根软的人最易误入歧途，偏偏没有人比你更了解自己的需要。随风摆的墙头草怎么可能得到一段好姻缘？因此必须学习怎么摆脱一旁七七八八的影响，别轻易被旁人左右自己。你会发现，只要足够坚定，就能跑到终点。

科学使恋爱进步
文学使恋爱后退

现实中的爱情不是畅销文学中的伪天真，它需要科学的计算。

"我爱他，连我自己的命都可以给他。"

"可是请告诉我，他拿你的命来有什么用？"

如果你有半夜听广播的习惯，这样的情感对话常常像是冷笑话。

在无数诗人和艺术家的渲染之下，看不下去的科学家们绝情地剖开爱情的本质：爱，那只是基因施诸人身上用以完成物种延续的卑鄙骗局。

骗局的诱人人人都有体验。总体说来，连人生都是在演戏，偶尔跳入骗局里爱一爱是很销魂的事情。问题是，有一些人，无论关于爱情的理论书籍用什么方式进行规劝，他们被这个骗局种了蛊，用爱烈火烹油地煎熬被爱着的那个人，直到对方或者嗞的一声被爱烧死，或者大吼一声，夺路而逃。

为了奉献海量的爱情而把自己榨成残渣，却不懂得真正的相处，其实就是传说中最庸俗的简单加减，以计较锱铢求得天长地久。

但现实中的爱情既不是畅销文学的伪天真，更不是流行音乐的腰不疼，它需要科学的计算。

为什么为情所困却要被传诵?

我们被很多流行歌下过药，并且将其当成知己，沦陷不已。"很爱很爱你，所以愿意不牵绊你，飞向幸福的地方去；很爱很爱你，只有让你拥有爱情我才安心"，你说你为它掉过泪，我说这是最不腰疼的无病呻吟。

如果出道还早一点，刘若英更愿意唱的应该是"想要问问你敢不敢，像你说过的那样爱我，想要问问你敢不敢，像我这样为爱痴狂；像我这样为爱痴狂，到底你会怎么想"。君已娶，我不嫁，刘若英在大庭广众之下要求一个拥抱，陈升只是摸摸她的头；刘若英在镜头面前失控哭成泪人，陈升微笑看着她唱出 I hope you freedom, like a bird.

从出道开始，敬重、敬爱、爱慕，她对这个男人的爱情已经大到超出她能承受的体量。她在各种场合反复背诵陈升对她的教诲，那些在我们看来如此平凡的道理，只因为从陈升嘴里说出来，便是她的金科玉律。不是陈升优秀得足以遮盖一切男人的光芒，只是因为他那点光芒恰好遮盖了她。

除了陈升之外，她难道就再无幸福的可能了吗?

"我想我会一直孤单，这样孤单一辈子"，这不是一首歌，这是她自己给自己下的咒。

为情所困的女人容易被传颂。董小宛颜面丧尽也要嫁给冒辟疆；郁达夫的老婆甚至愿意典当掉首饰为丈夫支付嫖资……这些女人的恋爱狂症状被美化为爱情。有了这些古往今来的爱情标本，女人似乎认为把自己榨干的爱情方式，才是最纯粹的付出。

好在还有一个杜十娘，当机立断地怒沉了百宝箱。

如果用科学方法来计算，杜十娘做得还不够好，她应该用自己的银子去旅游、购物，或者炒股、从商，开百来个连锁青楼气死李甲。

问题是，她最终还是做了恋爱狂，当爱情失去，她选了死路一条。

爱不是彻夜网游，请学习适可而止

无论怎样宏大的激情，都必定消退。所谓审美疲劳，其实是科学家轻描淡写的研究结论：因为人类的肉体根本不能持续强烈地分泌苯胺。所以，在内分泌控制我们的大脑时，有更重要的一件事，就是把大脑从内分泌移交给心脏。让潮水趋平，让激情缓化成细水长流。

对于爱情的狂热者而言，绝对不能接受关于激情无法持续的宿命，那么唯一的出路就是死。

问题是，你肯定还不够狂热到要死。绝大多数的你，只是无数网站的情感频道里，蝼蚁一样渺小的那一个痴女怨妇，会忍不住在爱情从耀眼过渡为灰暗的时候黯然神伤。神伤而又不肯死，那么，就请学会适可而止。

拜托不要一开口就是我这么爱你，先给自己和对方一条生路，才有可能谈未来。

不是给得越多，结果就越好

科学家认为，人类的爱情本身就是一场荷尔蒙的游戏，一旦一个人所分泌的肾上腺素、去甲肾上腺素以及最重要的苯胺等化学成分偏高，就让人产生情感上的兴奋。这种兴奋和吸食毒品或者沉醉酒精的状态类似。

你可能不是恋爱狂，但是你肯定有过这样的体会，你突然变得贤惠，在终日辛苦之后奔波在菜市场只为给他买一根筒骨；你突然变得敏感，连树叶落下来都让你怀疑它是否暗示你们的爱情不能长久；你的闺密开始躲着你，因为你跟她聊天的话题全部是你所爱的那个人；他说出来的每一个字都因为有了爱情作背景而显得意味深长；令他不愉快的所有人和事都犯下反人类的罪行。

问题是，你所做的这一切，他是否消受得起？

不管他是否愿意，用倾销的方式宣泄你的爱情，用百倍于他的爱回赠于他。这是荷尔蒙旺盛的青春期爱恋最热烈，也最自私的方式。

它最终的结果只有一个：毁掉爱情。

爱也是江湖，一定不能真的变蠢

所有恋爱过的人都和洛杉矶加州大学心理医生马克古斯顿的看法一样，当你为情所困，听任自己的情绪受高涨和低谷摆布的时候，你的判断力和观察力就会受到严重扭曲。

有时候，困扰我们的也许的确不是爱情。那些冠以爱情的疯狂行为，维持高昂情绪的所谓激情只不过是瘾，和烟瘾发作的心理需求并无两样。因为有瘾，所以我们受不了对方的激情减弱。可是真正能够持久的关系并不取决于爱情的强度，而取决于两个人之间和谐相处的可能性。众所周知，和谐，这是个技术活，要智商，还要情商。美国有一个实验结果表明，85％以上的女人依旧追求有结果的爱情。那么，为了保护好你为之疯狂过的爱情有个花好月圆的结果，请尽快冷静，恢复智力，用脑子来恋爱。

长期以来，科学家一直把爱情这个领域让位给诗人和哲学家。现在看来，这未尝不是一个错误。建议你实践一下著名的威尔森指标。它可以计算出两个人在最初的激情退却过后，和谐相处的可能性有多大。

我们要树立科学的恋爱观。

威尔森和谐指标计算方式

1. 恋人或者夫妻各自填写以下表格，不要商量或者泄露自己的答案。

2. 分数自上而下分别代表 1 ～ 5。

3. 对照两人答案，计算出每一项的相差分数。例如 4 - 2 = 2。

4. 将 25 项所相差的总数计算出来，用 100 减去这个总数即得出你们的和谐指标。

80 以上表示非常和谐；60 ～ 80 表示一般和谐；50 ～ 60 表示很难说；50 以下表示不和谐。

你的身高	性欲	性忠实度	喜欢何种关系
高	没有	至关重要	随便的友谊
中等偏高	比较温和	很重要	持久的友谊
中等	一般	偶尔出轨没关系	短期关系
中等偏低	高于一般	肯定有婚外性关系	亲密的长期关系
矮	难以满足	开放而多变	婚姻

你的体格	最喜欢的音乐类型	对外国食品，你……	在床上，你……
胖	说唱音乐	不能接受	还是处子
稍胖	流行音乐	喜欢清淡的食品	很没有经验
适中	消遣性	可以换换口味	目前没有问题
苗条	爵士乐	喜欢大部分的外国食品	有经验的情人
瘦	古典音乐／戏曲	很喜欢	非常热烈

你的智商	最喜欢看的电视节目	喜欢聚会吗	教育程度
聪明	游戏节目	喜欢独处	小学毕业
中上	肥皂剧	喜欢人少	中学毕业
一般	警匪／喜剧	偶尔参加聚会	职高／大专
中下	严肃剧目	喜欢	大学毕业
笨	纪录片	喜欢气氛热烈喧哗的聚会	研究生毕业

你的容貌	如果对方采取主动	吸烟	喜欢的身体活动
容貌出众	过时而愚蠢	不能忍受	放松，如坐在椅子里
容貌清秀	不喜欢	不太喜欢	温和，如打理花园
一般	有时候喜欢	可以忍受	适中，如散步
较丑	很喜欢	自己抽一点	较强，如背包旅行
很丑	对生活至关重要	自己吸烟很厉害	激烈，如足球

喝酒	你的宗教	职业 计划中或实际从事）
不能接受	积极而投入	自由职业
对方可以喝	有时到教堂	商业, 如经理
自己偶尔喝	自己单独做祈祷	办公人员, 如推销员
自己经常喝	没有信仰	买卖, 如修理工
自己酗酒	反对宗教	非熟练工人, 如临时工

你的政治观点	孩子	最佳分工
极左	不喜欢孩子	他工作, 她待在家里
中间偏左	别人可以有孩子	她可以做兼职
中间 / 不关心	没有特殊感情	视对方才华而定
中间偏右	可能会想要自己的孩子	她有自己的工作, 经济独立
极右	非常希望有自己的孩子	完全平等

关于色情	金钱是否重要	是否可以把握自己的生活
令人厌恶	否, 金钱买不到幸福	完全可以
尽量避免	希望有足够钱生活	大部分时候可以
偶尔没有关系	希望生活安逸	处于中间
无害的游戏	希望富有	大部分时候不行
非常刺激	希望非常富有	完全无法把握

他用头脑你用心
这种关系叫不叫爱情

因为懂得，所以爱。
这是爱情里最大的误区。

莫里哀说，女人最大的心愿是叫人爱她。

爱在女人的词典里，有很大一部分源于懂得。爱她的男人，必然懂她。"人生得一知己足矣"像一道咒语迷惑了所有女人，让她们为此刀山油锅都敢一头扎进去。

问题是，懂得是懂得，懂得需要用脑子。

爱是爱，爱需要用的是心。

一个懂你的男人，不一定爱你。一个爱你的男人，不一定懂你。

这是生活给我们的难题，更多时候，我们会因为男人投以"懂得"而报之以"爱"。这种脑子与心的对垒，其实就是一颗心旌摇曳的心在无望地打动一颗岿然不动的心，注定了惨败的结果。

女人容易把相知误解为相爱，只要遇上知己就一头扎进去，就算头破血流遍体鳞伤，却还顽固地以为如果自己此情不昭日月，就对不起对方的这份"懂得"。懂得仅仅通过脑子就可以实现，而爱则需要用心。

两情相悦本该是心心相印，可偏偏有一类男人喜欢用脑子来虏获女人的心。他们用不错的智商洞悉女人内心深处的微小变化，而后再用更不错的情商体贴入微地应对，把话说到对方心坎里，把事情恰到好处做到你的软肋上。他们"懂得"了这个女人，而后再用这种懂得以爱情的名义与你周旋。

听上去，这是一场灾难。

因为他的心没用在你的心上，他的头脑还有绰绰有余的空间和其他的心周旋。

因为懂得，所以爱。这是爱情里最大的误区。

爱很需要懂得。但懂得不一定需要爱。

Part1. 用脑子谈恋爱的男人智商一定不低，而情商更在智商之上。

"只缘感君一回顾，使我思君暮与朝。"仅仅"一顾"就能虏获心灵的男人自然不是等闲角色，他们或者冷酷，或者滥情，但可以肯定，他们有着很好用的脑子，和一些必然在你之上的见识。否则，就只能说，是你的脑子太不好用了。

1. 他渊博且有才华，就算不是学富五车那也一定比你见多识广。

才识是男人征服女人的最有力武器，蔡澜花白头发，一把年纪，和美女搭档做节目，还能硬生生衬着她们是花瓶，这就是见识的魅力。有见识，对无知且纯情的女人特别有杀伤力。原谅我用无知这个词，因为在女孩很年轻的时候，因为年龄不够，阅历不够，学习能力不够，又因为荷尔蒙很够，大多处在一种蒙昧无知且蓬勃向上的状态，而这种天然的勃发青春，哪怕在稍微有一点点阅历的男人眼里，都是很有杀伤力的诱惑。而他那一点点仅仅只需要高于你的见识、阅历，就是你青春的死穴。

2. 他不一定要很帅，但他绝对体贴入微，擅长投其所好。

绅士都很体贴，但体贴的男人并不见得都是绅士。他对你的每一句赞美都仿佛量身定做，他给你痛楚时的安慰句句沁人心脾，他对你的情绪点把握得丝丝入扣，他并不察言观色，却仿佛处处恰好投你所好。这样的男人能和你秉烛夜谈，把酒言欢。你想，你终于见到了你认为要托付终身的男人。而他想的是，好了，这个女人又被搞定了。

3. 他情史昭著，但相当坦白。

他从不隐瞒自己的情史，交往的第一天就告诉你他交往过多少女生，甚至已经名草有主，他甚至坦荡到当着你的面和前女友或者女友聊 QQ，毫不避讳。他也会表达他在这 N 条船上的纠结、痛苦，他希望你懂得他。他告诉你总有一天会有结果，请你等待。至于等待的期限，基本上答案就是：快了，再给我一点时间。

只是这中间有一个悖论，我们只听说脑子越用才能越灵光，我们也都知道爱是件伤神的事，如果一个男人对每个女友都掏心挖肺，那恐怕他已经心脏衰竭而死。男人对情史的主动坦白，是专门设给女人的圈套——对一个没动过心的女人，连欺骗都派不上用场。

4. 他处变不惊，不抱怨，不乱发脾气。

是女人都必须承认，善于控制情绪、处变不惊的男人很有魅力。

很令人烦心的是，这通常是情场老手具备的基本素质。知道该如何处理和女人之间的关系，懂得如何控制自己的情绪，不抱怨你的坏毛病，你无理取闹，他也能一笑了之。总之在这种所谓的恋爱中，失控失态的局面不会出现——除非他觉得有需要。善于隐藏自己情绪的男人，要不就是修养太好，要不就是另有目的。年轻的时候，碰到后一种男人的概率要大很多。

5. 他的下手对象多为涉世不深，带有文艺情结的女青年。

因为你涉世不深，他的阅历才派得上用场，毕竟没有几个女人会中意一个比自己幼稚的男人。能让文艺女青死心塌地的不是柴米油盐，而是温情风月。而为这些女青年解答人生困惑，畅谈生活品位，进而把这种知己关系上升为情侣关系，那就再好不过。

他对你的兴趣肯定不虚，他对你的懂得也是如假包换。问题是，在他对你嘘寒问暖的同时，并不妨碍他对另一个和你一样的女生直抒胸臆。他需要很多的你来饱满他的生活，而你只需要他对你一个人死心塌地。这就是你们之间的悖论。

"懂得"是男人的杀手锏

林黛玉说"知己一个也难求"，她遇到了贾宝玉，最后郁郁而终。张爱玲说"因为懂得，所以慈悲"，结果她在离开胡兰成后彻底凋零了。

"懂得"是男人的杀手锏，从古到今从来不乏这样的杀手男人。

Part2. 提防用头脑和心来谈恋爱的男人

A. 相知并不代表相爱，懂你更不代表懂珍惜。

有人说，爱贵在相知。其实在一生中，仔细算一算，与你相知的人肯定不止一个。都去相爱吗？这不现实。就算他再坦荡，再温柔，但离开时任你撕心裂肺他也能不带走一片云彩。为什么他能这样决绝？因为他一开始就把自己的心好端端藏在胸腔里。这样的感情你毫无胜算，因为心和脑子的较量一开始就是不平等。

B. 男人越懂你，那就代表着你失去自主权的可能性越大。

用对你的了解来左右你，这样的男人比不知珍惜的男人更可怕。他知道怎样触动你，他盘算好怎样让你就范，他甚至预知结局。这一切都是因为他太了解你。这就像一场提线木偶游戏，实在让人提不起兴致。

C. 男人坦白并不代表诚实，有时仅仅是策略而已。

我都对你坦白了，你还要怎么样。本来应该他背负的包袱现在轻松地转移成你的负担。你能对一个理直气壮的男人怎么样呢？虽然坦白被视为一种美德，但一个男人如果对一个女人轻易就坦白从宽，原因只有两点，一是对你没了兴趣，二是觉得你太好搞定。

好用的头脑不是坏事，我们希望每一位渴望爱情的女生都能找到一个脑袋好用的男生。

而最恰当的方法是，他用心和你恋爱，用脑子思考你们的未来，这才是物尽其用，各司其职。否则，请远离用头脑对垒心灵的男人。

恋爱不成
仁义在

不要为了男友，而放弃整个男性朋友社交圈。

假设喜欢你的男生有 10 个，你选择了其中 1 个做男友，那剩下的 9 个未被选择，你是要恩断义绝呢，还是要犹抱琵琶？

年轻人，凡事留一线，日后好相见。

俗话有说，买卖不成仁义在。说爱不成，还是能谈情的，但谈的是友情，不是爱情。毕竟有人可以因爱成仇，也有人能和爱慕过的人成为好朋友。

尺度在自己手里，怎么量纯属技巧问题。

Part1. 不要为了一个男友而放弃一群男人

地球上的男人分两种，一种是男友，另一种是男性朋友。

毕竟男女之间并非只有爱与不爱，在爱情之下、友情之上的界定，从来都是模糊不清的。所以那些成不了你男友的人，就让他们转行成为男性朋友吧。

烂俗的爱情肥皂剧里有句金玉良言：不要为了一棵树而放弃整片森林。

说给恋爱中的人听，就是不要为了男友，而放弃整个男性朋友社交圈。

A. 生活不是数学，不存在"非此即彼"的绝对选择。对于那些为你动过心的人，没有必要一棒子打死，全部归入老死不相往来的黑名单中。好歹是一份善意的心动，于他是爱于你无害。所以请学会善待为你动心的男生，不提人际关系的功利，也是为人处世的涵养。

B. 男友终归不是法力无边，无处不在的，如果你的生活只有男友一个男人，那希望你是个女强人，甚至能 cosplay 男人，知道男人的心声和对事情的观点；而对于闺密而言，往往男性朋友更能守秘密，而且只要男友不是性取向出问题，他们都不会成为你感情的潜在对手。

C. 无论你是否相信男女间存在纯友谊，但有一点是毋庸置疑的：在两性的交际中，男性对对方的好感一般高于女性。无论他是欣赏你的身材还是内在，都要把握好双方的距离，以免引火烧身，得不偿失。

Part2. 恋爱是场讲究天时人和的冒险

在时间与人物的阴错阳差上，会产生四种配对组合，如果能在对的时间遇上对的人，这种少概率事件便是上天注定要挑来做男友的。

剩下的三种情况，比朋友多点情愫，比恋人少点缘分的，自然要学会具体情况具体分析。

Situation1：时间 ×& 人物√

如果你和某人互相有好感，但却不能在一起，原因可以有很多种：第一，你已经有男朋友；第二，工作、学习太忙，心思不在恋爱上；第三，分居两地……

无论原因是什么，反正结果都一样：你在错误的时间遇上了正确的人，所以故事没有下文。

但你也应该明白，这种情况还有另一种解读：错误的时间总会过去，而那个人却还是正确的人。

你总会有需要交流的时候。

不管是不想姐妹淘八卦你的私隐，还是仅仅想有个人和你聊天，你都需要有个男生能听你说话。自然不能随便找个男的就爆出一堆个人苦恼，必定得和他有一定感情认同，愿意对他剖白心声。重点是，一来男生更能守秘密，二来他还能为你提供男生的视角。

你总会有感情破裂的时候。

失恋是人生无可避免的课题。如果在失恋的时候能有个忠实的支持者，无疑能把感情的创伤降低。而且腹黑地说，他正是最好的备胎。反正正选已经弃权，那候选自动上位便理直气壮。毕竟新感情是治疗失恋最好的药方。

注意：

◆对于正在恋爱的女生而言，请充分认识到他的杀伤力，注意不要让提供意见的第三方变成入侵感情的第三者。所以如果你们见面的话最好带个外人，以免暗生情愫，或者陷入孤男寡女，死无对证的尴尬局面。

◆既然现在不能在一起，就应该和他保持距离，并且对他的暧昧行为克制地无视。

◆如果他在后来有了新目标，就放他出去吧，毕竟你们各自的爱情是和你们的友情不冲突的。在错误时间变成正确之前，他已经从正确的人变成错误的人，不值得惋惜。

Situation2：时间√ & 人物 ×

当你在空窗期，需要一段感情滋润的时候，恰好出现一个喜欢你的男生。但若你不喜欢他，或者觉得和他合不来，不妨把他转做你的男性朋友。

你们或许有共同的爱好，但就是不来电。无论是价值观上有差异，还是生活习惯很冲突，反正各种有的没的问题，让你们相知不相爱。

但事实是他们往往能构成你人际关系中重要的一部分。

你总有需要玩伴的时候。对于很多女生而言，组织三五好友搞个活动或者聚会总显得力不从心，这时候就需要好动的男生出手，你要做的只有参与。他们往往能丰富你的业余生活，从唱 K 到自驾游，爬山到沙滩，说不定还能让你认识更多朋友。

你总会有需要帮助的时候。

俗话说在家靠父母，出门靠朋友。在学习与工作中你总会遇到很多自己力所不及的事情，说不定就是这个被你拒绝过的男生所擅长的。

毕竟感情亲疏决定给力程度。只要你们有维持日常的交际，相信他一定会乐于帮你忙，甚至帮得特别卖力。

注意

◆对于错误的人，需要明确地表示拒绝，而只希望能和他成为好朋友。甚至如果在以后发现有适合他的 MM 还能介绍给他。既能让他转移目标，又能让他对你这个媒人心存谢意。

◆人与人的交往应该是平等的，因此切忌"有事钟无艳无事夏迎春"的做法。在他有需要帮助的时候，自然应该尽力而为。

Situation3：时间 ×& 人物 ×

当你不需要爱情，对这人也实在不来电的时候，一般来说，都是过眼云烟。

但所谓人际关系是要经营的，很大程度就是指这类人。

他们不讨厌，却也不讨喜，没让你虚情假意，强颜欢笑，只是保持些网络上的联系。

你总有无所事事的时候。

无所事事的时候，大部分人会选择在网上挂着。这时候大可进行一些有目的性的活动，例如他要是更新了微博，心情好就回复两句，心情不好就偶尔回个表情或者两个字：哈哈。再或者逢年过节转发条祝福短信，让他知道你还记得他，他便知足常乐了。反正青蛙也能变王子，以后的事情以后再说吧。

注意

◆好歹别人对你也是一片善意，所以没有必要让他人难受。如果你属于无为派，实在搞不来什么人际关系，就善良地拒绝他人；如果你在人际关系上还有更多追求，不妨以后偶尔和他在网络上有一句没一句地打哈哈。

Part3. 为什么你没有男性朋友

如果你纳闷为什么喜欢自己的人一个都没有，更别提什么时间、人物的组合，又或者为什么有的女生身边总围绕着一群男生，而有的就好像炼成了灭绝师太，所到之处，异性不生？看看这 5 种情况，你或许可以知道一些原因。

1. 言必称"我男友"

不管是有心还是无意，经常在交谈中提及自己的另一半，会让男生产生各种联想。

最有可能的有两个：第一，这是提醒我她名花有主，让我滚远点吗？第二，不就有个男朋友，有什么值得炫耀的。

2. 女性沙文主义倾向

所谓女性沙文主义，就是骄傲的、看不起男性的女性。她们喜欢批评男性，把男性贬得一文不值。

当然，你或许没有这么极端，但只要有这种倾向，就很容易让身边的男生越行越远，最后不但没有男性朋友，很可能连男友都没有。

3. 过度阴谋论

有时候男生请你吃饭或者逛逛街，就真的只是吃饭逛街而已。

他没有想多，想多的是你。为什么要把简单的社交复杂化呢？他们也不过就是想多交个朋友而已。

4. 搬弄是非

古代七出之条里，第四条就是搬弄是非。

辩证地说，纵观古今，这确实是男人很讨厌的女人行为之一。其讨厌范围，从男友到男性朋友都无一例外。因为没有男人会喜欢身处是非的漩涡中心。

5. 苛求异性

爱情是要求公平的，友情更甚。

或许你有点公主脾气，总喜欢对男友呼来喝去，又或者你相貌出众，身边总不乏异性朋友，因此便对他们诸多要求。男友好歹是喜欢你，才能忍受这种颐指气使，但朋友嘛……你总不能对他有太多要求。

男女之间
没有纯友谊

很多时候，所谓纯纯的友谊
都只是蠢蠢的幌子。

天底下能和"先有鸡还是先有蛋"相提并论的，只有人类的史诗级无聊天问——男女之间是否存在纯友谊？

对于这个问题只有用科学的智慧之光才能让人大彻大悟。所以在从精神研究到肉体之后，我们不得不遗憾地宣布一个血淋淋、赤裸裸的事实：很多时候，所谓纯纯的友谊都只是蠢蠢的幌子。

Part1. 纯友谊？各种科学各种冷笑

秉承着科学精神，我们援引心理学与生理学两方面的结论，从精神与肉体上将异性间的纯友谊解剖给你看。

最后发现，在对待异性纯友谊这个问题上，科学家们大都只是冷冷一笑，大有参破天机的禅意。

心理学：纯友谊是男人的一场阴谋

美国威斯康辛大学心理学家 April Bleske-Rechek 以 "If you believe man and women can be just friends？"（你是否相信男人和女人能有纯粹友谊？）为题进行了研究，结论是：男性和女性确实可能成为单纯的朋友，但数据显示"异性魅力"经常掺和进来，成为搅和纯友谊的重要因素。

再详细点，大部分女性都天真地认为男女间可以成为纯粹的朋友，但男性几乎都认为自己在相处中会不同程度地喜欢上异性朋友。换言之，在朋友关系中，男性对女性会更有"性趣"，男性也更容易高估女方对自己的好感。

所以在男性看来，所谓"纯友谊"很多时候都只是用来接近女性的借口而已。因此在这种"有心算无意"的干扰下，遇到异性纯友谊比找到真爱更难。

生理学：上帝说没有，就是没有

有时候男女间讨论所谓"纯友谊"会是一个伪命题，因为他们根本不能察觉对方对于"纯友谊"的定义都是不同的。

这就是物质决定意识，大脑的构造不同，那么对纯友谊的态度也不同。

女生是感觉型大脑主导的动物。对于感觉至上的女生来说，所有她没有察觉出的感情，除了亲情，就都是友情！哪怕身边的那个男人对她百般呵护和关心，但是"我对你没感觉"，所以"我们只是朋友"，这就是女生眼中的异性友谊。

男生认为异性之间肯定存在性吸引，而男生对女生的性趣很明显高于女生。这种原始本能强大地支配着每一个接近你的男生。不可否认女生也有性本能，但她的自控能力明显高于男生！

Part2. 纯友谊完全自救手册

正如前面所说，在朋友关系中，男性会更多地被女性吸引，同时容易高估女方对自己的好感。

所以其实大多所谓纯友谊都毁在男性的"自作多情"上。如果你对男女间的纯友谊还有希冀，就借鉴该手册，避开纯友谊的4大死因。

No.1 乱攀亲戚死

中枪概率：★★★★☆

死因：以伪亲戚的名义掩护真感情的茁壮

爱情进一步是婚姻，而异性友谊进一步则难免乱攀亲戚。无论是干哥哥还是干妹妹，他们的起跑线都是朋友关系，然后跨过好朋友就变成伪亲人。

根据男女大脑构造的差异，其实这无非是关系比友情更进一步，又没有到爱情的借口而已。如果真是坦诚的友情，没有必要像兵荒马乱时期乱拜把子。反之，他非要你认他做个哥哥什么的，大多是打着亲戚的幌子没事儿表表决心而已。

所以这种看上去是上天赐你一个好哥哥，其实说穿了不是他对你别有用心就是你对他图谋不轨。反正不是为了利益就是激情。

真心想要纯友谊？先脱掉这些伪亲戚的保护壳吧。

No.2 亲昵死

中枪概率：★★★★

死因：男女授受不亲

很多时候，男生对女生所有的亲昵动作都属于试探手法。如果你不抗拒，保证会有更亲昵的行为。所以千万别让他刮你的鼻梁，说你淘气，说你可爱，没事捏捏你的脸蛋，看你眉头紧锁给你揉揉皱掉的眉头，过马路你一个不小心，他把你拉回来。

生活不是拍偶像剧，这么唯美的画面不适合在现实中生存。如果你没有及时制止，让人家觉得你跟他可能有下文，那很可能他就会遐想你们真有下文。

古人有云，男女授受不亲。须知道身体的接触最容易激发野性的激情。

No.3 失恋联盟死

中枪概率：★★★☆

死因：乘虚而入

失恋是无可避免的。

你要抒发情绪自然是理直气壮的，而他要是乘虚而入了也自然无可厚非。

本来两人还相安无事，但很可能你一遍遍的哭诉与不坚强会让他的雄性激素分泌旺盛产生了强烈的保护欲。而这种保护欲将会燃起他体内的荷尔蒙。

所以在你还沉溺在失恋的低潮中久久不能自拔时，他就已经准备将纯纯的友谊变成蠢蠢欲动的爱情，拉着你跨越纯友谊那条三八线。

你看，如果你不是早对他暗许芳心，就切勿过多地在他面前展现自己脆弱的一面。无论是宣泄情绪还是诉苦，这些能激发他雄性激素的行为都得适可而止，不然结局将会是在你送别了爱情之后又葬送了友情。

No.4 陪你死

中枪概率：★★★

死因：日久生情

据说这世上最动人的情话，用三个字说就是：我在呢。用两个字，就是：陪你。

相比起什么帮你、想你、爱你、娶你，"陪你"更具说服力并显得实在，证明他与你同在啊。

就算他一开始真的只是出于友情的道义，但难保以后会不会日久生情。而在这方面，女生中枪的指数甚至比男生高。毕竟女生比男生更追求这种感情上的实在感，并且由于熟悉而相互产生的安全感也是纯友谊的大杀器。

从这个角度说，日久生情甚至比真心话大冒险更危险。

所以建议是，很多事情能不要陪同的就尽量自己做，实在觉得无聊，找个闺密陪同，碰到气力活或者什么非男生不可的事情，请将男性朋友轮换着来。

每段遇人不淑
都是咎由自取

那些烂桃花般的男友，很可能就是你自己一手栽培的。

吸引力法则认为，对于情路坎坷尽是人渣的情况，不是因为缘分未到，而是很可能，这些烂桃花都是自己不自觉种下的。

用句有腔调的话说，每段遇人不淑的爱情，都有咎由自取在作祟。

Part 1. 正读吸引力法则

大名鼎鼎的吸引力法则被应用在诸多领域，挑最合用、最浅显的解释，则是你散发怎样的能量，就会吸引来怎样的人。或者极端点的说法，你心中想得到的，你终将得到。

然后你自作聪明——为什么有的人总是招惹烂桃花？难不成他内心就是一株千年老桃花？

自然，法则没有那么容易上手，毕竟你的智商也没有那么低。

1. 吸引力法则为什么不生效?

是个正常人都想有好事发生，但明显总有人在倒霉。

因为有些人经常不自觉地为不好的事物分心，或者明明是好事，却会散发负面能量，所以只能招引坏事的发生。重点是，大多时候我们所散发的能量，自己是没有意识去控制的。

例如形单影只的你见到一对 show 恩爱的小情侣，如果你出自真心觉得他们幸福，自己也羡慕有这样的感情的话，恭喜你，你正聚焦在你想要的事物上。反之，如果你选择加入"情人去死去死"团的诅咒大军，对情侣散发怨恨的能量，善恶有报，烂桃花不远诶。

2. 相似性——法则的正常应用

吸引力法则在恋爱心理学上的应用，更多地表现为"相似相吸"原理。因为遇见和自己相像的人能增加自己的安全感，所以当你遇到和你散发着一样能量的人时会感到舒服和欣喜，并且增强了自我认同感。

从层级上说，最起始的吸引是基于年龄、性别、外表等明显特征的"刺激信息"吸引，而后是态度和信仰上的"价值信息"吸引，最高级的层次，是"角色信息"的相似，他们在为人父母、事业、生活态度等方面基本观点能保持一致。

3. 互补性——法则的特殊应用

自然也会有人列举性格迥异但相处融洽的伴侣作为反例。

例如一个活泼一个安静的两人也能相处融洽。这是因为有的时候我们喜欢其他人做出弥补自己不足的反应。这样的"互补性"有时候也是吸引人的，并且许多互补性的行为其实源自相似性。

例如活泼与安静的两人的共同追求是有趣的生活。安静的一方能让活泼一方充分发挥搞气氛的长处，而安静一方则很庆幸伴侣不会因为自己的沉默而让生活变得沉闷。

值得注意的是，这种互补性不容易被发现。

Part2. 反读吸引力法则

对于"你散发怎样的能量，便会招惹怎样的人"的反面解读，最精辟的莫过于"物以类聚，人以群分"。

这道理不分好坏，不歧视性别。

换句话说，很多时候在爱情路上，你以为是遇人不淑，其实是咎由自取。那些烂桃花般的男友，很可能就是你自己一手栽培的。

1. 遇上浪子，风流成性，漂泊不定。

虽然把男朋友风流成性归咎到自己头上，确实有点说出来都冤枉的感觉。但或许坚定信念地思考下，你还真能从自己身上找到诱因，尤其他是在和你一起之后才走上浪子这条不归路的话。

男人天性花心，出轨也不是天大的事。只是如果不在第一时间就把它闹得天大，无异于告诉他偷腥的犯罪成本低廉，欢迎再犯。

所以切记，他的风流事迹很可能就是你的忍气吞声培养的。

2. 遇上控制欲超强的男朋友，完全监控自己的人身自由。

每个成熟的人都是一个独立的个体，要被另一方强加操控自然很难。

唯有降低标准，从一个不成熟、不独立的个体下手，毫无疑问就能增加操控可行性。

所以在抱怨男朋友是个控制欲狂徒时，自己不妨反思下，刚认识的时候有没有表现得很不成熟，尤其有没有装弱不禁风装过头了，散发生活不能自理的小白倾向。然后他在和你的相处中发现你处处展现不独立的人格时，便会激发他的控制欲望。

一来事有可为，控制小白难度很低；二来眼前这个女生需要我为她安排一切。

这种情况尤其多见于有选择恐惧症的一方，经常询问男友意见会助长他"你需要他为你拿主意"的倾向，进而演变成实际行动。

3. 男友心理逆生长，一起的时间越久，他就越退化得生活不能自理。

一般来说男生的性格都会比较独立，而在相处中你能把一匹不羁的狼驯化成一只哈士奇，也真是居功至伟。无他，男生在交往中显示出逆生长的态势，心理越来越不成熟，越来越依赖你的照顾的话，基本肯定是你的母爱爆发得太满。

没有办法啊，你都把他照顾得妥妥的，他自己就过上衣来伸手，饭来张口的生活。虽然这样的关系会让他很依赖你，但只要想到他完全可以叫你一声"妈"，会不会觉得这个男人不要也罢。

4. 男友经常对我实施冷暴力。

很明显，冷暴力几乎是所有男生希望分手，最起码也是希望疏远距离的惯用伎俩。他们往往不愿意出任"提出分手"的丑角一方，所以希望你知难而退，能比他有担当点，勇敢点。而根据之前的"吸引力层级"来说，很可能你和他只达到了"刺激信息"的吸引，最多上升到"价值信息"，你们在一起已经没有好结果。

如果你能悬崖勒马，快刀斩情根不失为一个好方法。而如果你还有留恋，不妨和他认真地谈一次，然后离不离开，取决于他挽留你时真心不真心。

5. 男朋友总爱对你颐指气使。

男友敢于对你颐指气使的前提是默认你会服从，而什么事情会让他觉得你会服从于他？无疑是你的千依百顺。男女在相处上，如果你的俯首称臣助长了他的威势，那基本可以宣判，你们在一起的日子里，他都会有种凌驾于你的超然感。

所以指导建议，生活中不能总是听从他的意见，时不时也要提出些自己的想法，让他知道你也是个有想法的人。还是那句，爱情七分就好，如果拿出十分，无疑授之生杀大权。

6. 男友是个大话精，说谎成瘾。

一个人说谎的动机，往往避害心理重于趋利心理。换句话说，说谎更多时候不是为了得到奖励，而是避免惩罚。

所以换位思考一下，一个人宁愿这么铤而走险也要说谎，是不是因为不说谎的后果会更严重呢？这就是所谓"情绪成本"的问题，如果男友说实话要招致你的哭闹、纠缠、批评或者碎碎念的话，我想每个男人都会充分掂量下说谎的劳动成本以及说真话的情绪成本的。

　　爱说谎的人骨子里是胆小怕事、害怕冲突的。所以要杜绝大话精的养成，不妨时不时和男友开诚布公地聊聊，并鼓励他说出真相，那时谎言就显得完全没必要了。

　　当然，前提是你知道真相后怒火不会烧上来。

该吃的醋
要一滴不剩

吃醋是技术活，更是心理战。

女人大方一点总是好的，但绝不至于把"醋"和"错"等同起来。

男人不喜欢醋坛子女生，但不懂吃醋的爱寡淡如水。要知道，"嫉妒"是一种健康正常的感情，只要运用得当，适当时候表现出自己的醋意，完全可以成为一种有建设性的交流方式。

相反，很多时候你的大方却会成为他们胡作非为的许可证。

Part1. 3 句话，关于吃醋的真相

吃醋不是端着脸，或者闹些莫名其妙的情绪让男友哄两句就能了事的。

这事好歹也是技术活，更多的是一场心理战。了解更多吃醋的真相，才能把醋吃得通透。不然酸死自己也无人理会就太冤了。

1. 吃醋是一种古老的进化心理。

调查数据显示，62.3% 的男人更介意伴侣肉体出轨，而 66.3% 的女人更在意伴侣感情出轨。

美国密歇根大学心理学教授戴维·巴斯 (D.M.Buss) 认为，基于嫉妒的吃醋作为一种古老的进化心理，能刺激人们做出看护好自己伴侣的措施。

对于男人而言，女人出轨对自己的最大伤害是她可能怀上别人的孩子，自己便很可能将有限的资源投资在别人的孩子身上。而女人面临的问题是，她的男人假如爱上了别的女人，自然便会减少花费在自己身上的投入，而造成自己的损失。

所以，吃醋是天性。人类不能为了谈恋爱而泯灭天性。

2. 让男人吃醋远胜自己吃醋。

总是自己吃醋，一来没劲，二来容易令男友厌烦。

更好的方法莫过于让男友体会下这种酸溜溜的滋味，切肤之痛往往更有教育意义。

但这种事情容易玩火自焚，所以只能挑相对安全的方法进行。聪明的女友只应该制造精神出轨的假象。让男友见到你和别的男人勾肩搭背无疑是过火了。

例如时不时提起有人对你献殷勤，或者频繁说些对某人的赞美之词，当男友表现出下列行为时，你就可以胜利收兵了：

A. 绕着弯在打探你口中子虚乌有的男生。

B. 变得更关心你，或者更多时间守在你身边。

C. 性格急躁的男友变得莫名其妙地焦躁。

D. 对你所有男性朋友无差别地挑三拣四。

3. 女醋坛自信不足，男醋坛占有欲过剩。

心理学家发现，自信不足和占有欲过强是造成人们容易吃醋的根本原因。

所以"醋坛子"男女通吃，没有性别之分。就性别心理来说，女醋坛的原因更多是因为自信不足，总容易觉得自己比不上他身边花枝招展的美眉，尤其当自己容颜渐老的时候，这种情况就更常见了。而男醋坛则往往困于占有欲过剩的心理，总想从言行举止上完全控制对方的行为，确保她对自己的忠诚，甚至不容许女友有任何异性朋友，便是极端表现。

对于自信不足的情况其实只要对方能哄哄自己，来几句甜言蜜语就能让心里好受些。但占有欲过剩更多是一种病态或者不成熟的心理，纠正起来要比建立自信难得多，基本属于一个愿打一个愿挨的情况。如果你不能忍受这种监控，劝你早作打算。

Part2. 6 坛醋，该打翻时就打翻

在控制醋意这个说法上，女生往往容易忽略一种情况：该大吃一"斤"的醋总是表现得不温不火。

这么错误的表达自然难怪对方对你的醋意感到不可理解。

恰到好处的吃醋才能充分表达自己的情绪，让对方在相处中学会更好地阅读你的感受。

1. 男友在工作／社团中和女搭档眉来眼去。

你可能的醋意★★

你应该的醋意★★★★

这种情况比他在酒吧艳遇某辣妹，眉来眼去一晚上更严重。

对手可是搭档啊，整天抬头不见低头见，总难免日久生情。这时候的大度就显得很没必要了，你应该适当地将你不高兴的情绪表现出来。但记住，是要堂堂正正直指心腹，告诉他你不喜欢他们走得太近，即使是因为工作关系。

而不是遮遮掩掩故作别扭，让他猜半天还是不懂你，说不好男友最后就跑去问他的女搭档你是怎么了。

2. 男友和前女友吃了顿饭。

你可能的醋意★★★

你应该的醋意★★★★★

前女友！这还得了？！无论男友有没有事先和你打好招呼，这都是绝对不能轻易放过的事情。

面对这件事你应该讲道理，但绝对不应该客气。耍脾气、闹情绪都不为过，并且要明确告诉他，你不希望他和他的前任有任何感情上的瓜葛。你懂的，男人都会觉得前任总对自己念念不忘。任由他们发展，完全有复辟的可能。

当然，打击前女友从不以争风吃醋的疯婆子为榜样，没事多看《甄嬛传》也是极好的。

3. 男友瞄着公交车 / 地铁上的美眉直流口水。

你可能的醋意★★★

你应该的醋意★★

别这样，看一眼，男友不会瞎，那美眉也不会爱上你男友。

爱美之心人皆有之。看见钱你也会瞄一眼，何况男友看见美人。不看反而虚伪了。

男友每天在外都得接触多少形形色色的女人，这绝大部分都是只看不碰更不会爱上的。如果连这点眼球运动的自由你都剥削了，当心哪里有压迫哪里就有反抗。

他爱看就看好了，心情好的话和他一块评头论足也是拉近距离的好方法。

4. 男友总在发短信，却不告诉你和谁发。

你可能的醋意★★

你应该的醋意★★★★★

男友此举当真此地无银三百两，你想从宽处理都难。

虽然说两个人的相处总要给对方一点私人空间，留点私隐，但男友要是总这么鬼鬼祟祟，你就应该直接告诉他，你不爽他这样的行为，让你很没有安全感。你不必追问他短信的内容，但必须追问出这个人是谁。这样的措辞合理又大方，如果他没有什么好隐瞒的，自然也不会觉得你有冒犯到他的私人空间。

切记，这个时候偷偷翻他的手机等于宣战。

5. 男友和工作 / 哥们儿 / 游戏 / 球赛打得火热。

你可能的醋意★★★

你应该的醋意★

女友总是感叹，自己和工作 / 游戏 / 球赛抢男人就算了，还沦落到要和男人（他哥们儿）抢男人，真是女人之耻。

其实你完全没必要这样，更不该展现出你的醋意。你也许会喜欢逛街、睡懒觉、追连续剧，为什么就不能容许男友有其他娱乐？当你觉得他总是沉浸在这些事情中没空理你时，说不定只是你们的时间配合得不对。

与其和死物争风吃醋，不如和他聊聊时间安排。

6. 男友总说喜欢怎样的女生，而你明显不是那个风格。

你可能的醋意★★★

你应该的醋意★★

社会的和谐进步，全赖人类的自欺欺人。

男友可能会说他很喜欢长头发、皮肤白皙的瘦女生，而你偏偏一项也不具有。又或者他很喜欢某个明星，而你和那明星长得天南地北。这些都只是男友的美好幻想，你又何必左右他的思想。

男友的这种想象，只要不影响你们的正常生活，就让他想象去吧。现实和理想都是有差距的，如果连想象都不允许，也太不人道了。

应该让男人
主动来追你

　　虽然"女追男隔层纱"，但直接由女生来捅破两人关系，即使不是让男生觉得你饥渴得如狼似虎，也让他们感觉你不够矜持可贵。最聪明的方式就是引导对方来追你并表白，这无疑需要一点技巧。所谓知己知彼，百战不殆。不战而屈人之兵，攻心为上。

Part1. **4 个以为，让他不敢约你**

　　你是否常常困惑为什么男人缘不错却始终单身？为什么他总和你聊微信、MSN 却没有正式向你邀约？为什么约会几次你们还是徘徊于暧昧阶段？为什么他让你产生了喜欢的幻觉却忽然结交新女友？

　　其实并非你不够魅力，只是内心的以为让他们退而远之。没错，男人就是这么爱面子。

1. 闺密有毒

以为隐私会泄露。

2011 年，国外社交平台 FACEBOOK 发表了一项调查数据，76.8% 的女人都认为闺密多会让男人觉得自己人缘更好；而与此同时，60.5% 的男人认为，与闺密多的女人相比，习惯独处的女人更有魅力。

对于男人而言，闺密越多的女人，越不敢追。他们才不想让自己几个星期洗一次袜子、睡觉打呼噜等生活细节，被你和闺密一起讨论。所以，别再以为在微博上传一群女生的合照和聚会就可以显得你的业余生活特别丰富了，那只会让他对你望而却步。

2. 桃花泛滥

以为你很多人追。

千万不要和一个男人讨论自己有多抢手，那是非常愚蠢的行为。

当情人节、圣诞节、光棍节等适合约会的节日来临时，他会以为你早被约走；即使不当真，那他就会认为你是在夸夸其谈孤芳自赏。最不济，就是他认为你也会和其他人讨论他与你的风花雪月爱恨情仇。

所以，这种损人不利己的傻事还是少干吧。

3. 独当一面

以为你对约会兴趣不大。

如果你总是表现出一副独当一面、热衷工作的样子，也许他会觉得你并不那么需要爱情。不是每个败犬女王都能遇上阮经天，毕竟你还真不是那么惊艳漂亮。

美女就是美女，不认真也美；长得欠佳，再认真也不会让他发出

"认真的女人最美丽"的感慨。那句话不过是那些为生活奔波劳累的女人自我安慰罢了。

所以别把工作当借口，这会吓跑想要和你简单轻松约个会的男生。

4. 高不胜寒
以为会被你拒绝。

心理学家发现，自卑心理会造成男人在约会的过程中不自在并且容易敏感。闭门羹这个东西，用得好就是"欲擒故纵"，用不好就是让对方尊严尽失。尤其是自我感觉良好的男生更不能接受自己被拒绝。

别以为把自己的姿态提高，口是心非地拒绝就可以让别人更有胃口，如果他不是潦倒失意到没人看得上眼，没必要对你越挫越勇。

Part2. 5 个技巧，给他暗示

在控制约会频率和技巧上，恰到好处的提点可以让他恍然大悟——原来你也对他颇有青睐。

1. 路过他的住处或公司时，给他打个电话拜访下。
有用程度★★ 难度系数★★★★

"我要帮同事买感冒药，你这附近有什么药店吗？"

男人最中意自己喜欢的女生向他求助这种不痛不痒的问题。既能让他觉得你确实是不经意经过，又能让他确定自己有存在感。但这种情况比较难把握，首先你得清楚他家或公司附近有何建筑等，并且使借口不过于刻意。

2. 你也有空闲的时候可以约会。

有用程度★★★ 难度系数★

你可以表现出让人感觉你是一个生活和工作可以分开的女人。当你忙完一段工作，可以换个签名——"终于把工作忙完了！可以去看电影吃饭了！！！"如果他足够注意你，别说打电话通知，即使你只是在网上挂个签名他也能注意到。当然。如果对方喜欢询问你忙不忙，那就更顺水推舟了。

3. 在拒绝了之后主动给对方台阶下。

有用程度★★★★ 难度系数★★

别小看男人对自己面子的在意，如果你曾拒绝过他，不妨让他知道你以前是真的没空，而不是随便找个借口打发一下他罢了。可以试试"你之前说的那个餐厅，我刚刚经过了。改天我们去试试吧！"之类的借口，当他发现自己还有机会时，如果他不是蠢到一定程度，应该知道你的意思了。

4. 表达出自己也会孤独。

有用程度★★ 难度系数★★★★★

相比热热闹闹的姐妹淘，男人更喜欢约会看似孤独的女人。这就和女人不喜欢长期混迹夜店成群结队看球、打麻将的男人一样。适当地表达出你的孤独和空虚，他就会看到约会的契机。

5. 把他送的东西放在他看得到的地方。

有用程度★★★ 难度系数★

如果他送过你轻巧的首饰，下次约会时不妨戴上。如果他送过你可以摆设的礼物，不如放在办公室或家里，然后假装无意拍一张照片，把他送的礼品放在较为明显的位置。那样他就会明白原来他在你心里的位置还不错。

Part3. 3个看准，在约会中看清他

1. 约会时间

提前几天邀约并征求你的意见的男生，是靠谱的。

如果临时邀约，并且直接约在晚上9点之后的KTV、酒吧等场合，别以为是他急着想见你，即使不是急着想发生关系，也是在试探你的底线罢了。

2. 约会话题

如果他主动和你介绍餐厅，并且和你分享许多自己的故事，是靠谱的。

当两个对视没有话题时，刻意制造话题，喜欢抛出问句，并且时不时观察你的表情的男生，说明他总是很在意你的感受和想法。

3. 约会动作

他的脚尖总是冲着你的方向，是靠谱的。

在说话时，他的身体总是对着你，并且不会离你太远。当你不小心碰到他时，他没有躲开而是不经意观察你表情时，说明他其实挺喜欢和你在一起。

> 你因为什么而喜欢上一个人，就极有可能因此而失去他。

情商不够
少玩姐弟恋

韩剧《听见你的声音》重卷姐弟恋热潮。一时间，正太重获市场。

虽然姐弟恋吸引人，但却需要面临形形色色的问题，甚至比一般恋爱更麻烦。如果你情商不够高，拜托请离小男生远一点。

Part1. 姐弟恋的深层剖析

即使有无论 18 岁还是 58 岁的男人都喜欢 18 岁的女生的说法，但事实上，用大名鼎鼎的吸引力法则来解释姐弟恋发生的诱因，你没有遇见也许是因为你根本不是属于会让人产生"姐弟恋"冲动的类群，或者是对方不具备发生姐弟恋的条件。

85% 的男生认为，在姐弟恋中，男生的心理年龄要相对比较成熟，才能对女生的看法超出同龄人，其中也不乏恋母情结等。

72% 的女生认为，之所以会喜欢比自己年纪小的男生，是因为他们较之成年男子更加单纯与充满激情，这在同龄伴侣中是难以获取的。

52% 的人认同，在姐弟恋的关系中，女生整体的条件会优于男生。

韩剧是用来解压的，如果你当真，那就是太傻太天真。回归现实里，白富美才是正太们择偶的首选。女生在姐弟恋条件下更倾向于感性判断，而男生对女生的选择则倾向于综合考虑。如果你一穷二白，除非特别溺爱他这个三无产品，吃好穿好家务全包，售后服务全年无忧，不然他凭什么要赔上一辈子？

Part2. 姐弟恋有风险，交往需谨慎

撇开相处技巧不说，用残忍一点的说法就是，你因为什么而喜欢上一个人，就极有可能因此而失去他。以下这些情形也许会发生在你身上：

1. 你可能会变成包子女

从性格上来说，姐弟恋中女生性格通常更加独立自主，不随意闹脾气。但早早背上善解人意的包袱，极有可能变成包子女。当初能打着善解人意的旗号征服正太，就要哑巴吃得了黄连。

2. 他终将会逆袭成熟。

随着男生视野的开阔、见识的增广、社会地位的提升，极有可能个人大男子主义会越来越明显。届时相比有主见的指引，也许更需要

依附型的安慰。

3. 你会早他一步年老色衰

男生只要精气神够足，30 岁也与 40 岁并无二异。如果女生不想稍微上了年纪就在姿色上被男生甩出几条街，那就快马加鞭保养吧。这个问题如果相差 2～5 岁也许并不显著，但超过 10 岁就相对明显了。

4. 凤凰男之骗钱无形

这绝对是姐弟恋里最悲惨的晚间八点档剧情！奔波工作的你，尚未分清对方是否真心，也许就要被骗得经济崩盘。没错，在一头栽进爱情时，每个人都可能变成低智商。

5. 父母反对千重山

如果对方父母足够想象力强大，看见强势的你，他们就已经在第一时间自动脑补自己的儿子帮你洗袜子、拖地板的情景了。估计你使尽浑身温柔也无法让他们相信一个大几岁的女人不会欺负自己的儿子。

6. 两人的社交圈截然不同

也许当你工作时，他还是一枚乖学生。他也许会今天让你坐在篮球场边看他打球，明天一起和他的猪朋狗友喝啤酒。你们的社交圈截然不同，如何搜肠刮肚找话题，你看着办吧，比这些更复杂的是，你们的生活永远不可能同步。

贫贱夫妻
从来都是百事哀

『贫贱』本身并不可怕，可怕的是你将『是否贫贱』作为挑选男人的唯一标准。

　　爱情的最初，除了姹紫嫣红，还有贫贱。二十几岁的年纪，不可能坐拥三十几岁的财富，这道理，你我都懂。可是离谱的房价、汹涌的物价，不打一声招呼咆哮而来，年轻的渴望真爱的心，在横流的物欲里，被迫打起了小算盘。

　　"贫贱夫妻百事哀"，当所有的矛盾都指向了钱，面对一无所有的穷小子，你的心，是融化了还是枯萎了？

Part1. 爱情的最初少不了贫贱

　　"我没车没钱没房没钻戒，但我有一颗陪你到老的心。等到你老了，我依然背着你，我给你当拐杖，等你没牙了，我就嚼碎了喂给你，我一定等你死后我再死，要不把你一个人留在这世界上，没人照顾，我做鬼也不放心。童佳倩，我爱你。"

这是热播电视剧《裸婚时代》里的一段台词，据说道出了很多男生的心里话。虽然女生们对此反应不一，但必须要明白的是，如果不是嫁给富二代、李刚之子或者大叔，几乎所有人的爱情都必须从"贫贱"开始。

超过五成的年轻女性不赞同裸婚

腾讯网公布的一组数据显示，77.5% 的年轻女性认为婚姻的硬件条件应该包括：一间不需要很大的房子，齐全的生活必需品，稳定的工作，够生活的钱，以及闲暇时可以出去旅游。其中，32.3% 的女性不愿租房结婚，19.6% 的女性赞同裸婚，54.5% 的女性表示绝不同意裸婚。

美国女人也怕贫贱生活

美国《新闻周刊》针对经济低迷对婚姻生活的影响做了一次调查，结果显示：57% 的夫妻表示糟糕的经济状况让他们的婚姻关系变得紧张，甚至出现性冷淡倾向；30% 的人感到经济萧条让他们变得易怒；56% 的人因为经济拮据而频繁失眠。看来，贫贱夫妻百事哀不只是"中国特色"，对一向"轻物质、重爱情"的美国人，同样适用。

Part2. 关于贫贱必须要懂的 3 个道理

"贫贱"像一头拦路虎，挡住了很多女孩追求真爱的路。一边是除了爱什么都没有的穷男友，一边是除了爱什么都看重的亲爹娘，左右为难、举棋不定。

对于二十几岁的年轻人，"贫贱"既不是埋葬爱情的坟墓，也不是导致婚姻不幸的扫帚星。它是必须经历的人生过程，也是一种暂时的经济状态。要知道，"贫贱"本身并不可怕，可怕的是你将"是否贫贱"作为挑选男人的唯一标准，那就有可能一叶障目，与真爱失之交臂。

1. 可以共同奋斗，但不能理直气壮地要求你一起吃苦。

"我没有陪你吃过苦，怎么有脸分享你的成功"，很多女孩用这句话给自己洗脑，认为爱一个男人就必须和他经历从无到有的过程。这个想法本身是对的，也很高尚，但如果你仔细观察身边的男人，会发现越是条件好的、有奋斗精神的，越不着急结婚，反而是那些一无所有的男人，早早就想和女友裸婚。

如果一个男人没有足够的资本结婚，但他想方设法要和你在一起，原因只有一个，他焦虑自己的未来，因此必须捆绑上你。他不爱你，因此也不会为你着想，从不考虑你娇弱的身躯能否扛得起生活的重担，只关心自己的生活有没有人照顾，结婚后你不过是他的丫鬟或保姆。

而那些有责任感、有担当的男人，在不具备基本的物质条件时，是不会考虑结婚的，相反他们可能选择主动退出，因为站在你的角度，他们知道女孩的青春太宝贵。所以，当一个男人说他配不上你，请相信他，让他走。一意孤行的挽留，只会耽误了你，也伤了他。

2. 可以一起付出，但不能为了他的所谓梦想牺牲自己。

一位聪明的女人说过，英雄是用来想象的。千万不要渴望嫁给英雄，除非你很想当遗孀。生活中，至少40%的男人是梦想家，他想创业，成为第二个马化腾；他想拯救人类，做第二个超人。一个男人应该有梦想，我们也欣赏有梦想的人，但如果他的梦想不切实际，且要搭上你的前途和幸福，劝你三思而后行。幸福的生活有一个前提，就是要平淡。这和金融投资不一样，绝不是风险越大，收益越高。

《非诚勿扰》上曾有一个男嘉宾，酷爱做生意，据说资产也丰厚，可就是这样的男人，对女嘉宾最大的担心还是"能否收留失败的我"，所以，当一个男人的英雄梦膨胀起来，他根本没有精力顾及你，又何谈爱？

3. 可以同甘共苦，但自暴自弃拖累你的男人不能要。

心理学上有一种斯德哥尔摩现象，当人质被罪犯长时间控制后，他们会视罪犯的命令为指示，不由自主地配合，爱情中也有这样的现象，说白了就是自虐。

有些女生是主动自虐，在她们看来，爱一个人就要拯救他，所以她们总是选择有缺陷的男人爱，以此满足自己的心理变态。但也有一些女生是被动自虐，这是一群极单纯、善良的女孩，看童话故事都会落泪，一旦她们遇上颓废男、心理变态男，就被对方吃定了。

男人在年轻时偶尔也会消极丧志，比如高考失意啊，追女被拒啊，但一个心智正常的男人，绝不会在步入社会后，还终日沉迷在游戏和白日梦里。如果他这样做了，请在第一时间离开他。破罐子破摔的男人比禽兽还可怕，他不但给不了你幸福，还会硬生生地把你从一个乐观、正常的人拖累成变态。

不管在哪个时代，财富的积累都要经历从无到有的过程，重要的不是一开始他有没有钱，而是将来是否能让你过上好日子。所以说，选择一个有责任感、有上进心的男人，比选择一个现在很有钱的男人，更靠谱。

爱情很精彩，生活很残酷，文中的观点只能引发大家去思考爱情和物质的关系，但不可能替你做出选择。爱情没有对错，你选择的是一种生活态度和经历。无论如何，只要你心甘情愿，能承受，就好。

不牵扯物质的爱情，一定是纯洁的，但有了物质基础的爱情，一定更容易持久和稳定。浪漫固然美好，感觉诚然奇妙，可我们要牢记的是：爱情不是全部，生活才是全部。

男人很认同的 15 大观点

据说男性 DNA 和女性 DNA 有 0.3% 的差别。

这 0.3% 是什么概念？大猩猩和人类只差 1%。

物质性的差异注定精神上的南辕北辙。也难怪有时候女人看男人就像在看猩猩一样陌生。

了解男人恋爱心理的最佳方法，当然是问问男人。我们问了 100 个，够还是不够？

98 个男人认同这句话：

男人很容易喜欢一个女人，但很难爱上一个女人。

在男人的心里，喜欢和爱是如此泾渭分明。所以他们才会对女人有老婆、女友、情人的区分，所以他们能逢场作戏。

并且很大程度上，"喜欢"可以替换为"好感"，这种好感的来源，可以是一个笑容、一个眼神，或者直接是一件低胸装和超短裙。

更让现任女友伤心的是，男人一辈子最深爱的，往往是初恋的女孩。至于原因，一是不可能得到了，二是初恋时情窦初开的纯粹，现在再也无法有当时那样简单的心情了。

94 个男人认同这句话：

男人会用如下手段吸引异性注意：话多；比平日慷慨；会把话题扯到自己得意的成就上；会刻意显露好心肠；多说一些自以为好笑的笑话。

这个定律尤其适用于男人在集体活动中要勾搭某个女孩时。

男人也有苦良苦啊，做这么多事情无非只想吸引目标人物的注意力，在这点上男人的行为和孔雀开屏如出一辙。

当然了，正如第一点所言，这个目标人物可能只是聚会上他有好感的女孩，也有可能是团队活动中对他抛过媚眼的姑娘。

所以同理，这些行为也可能是一个有妇之夫想出轨的征兆。

89 个男人认同这句话：

男人爱上一个女人，不一定会对她有强烈的性欲，反倒对一些他只是喜欢而不爱的女人会更有冲动。

对于爱的女人，男人是会保护好的；对于喜欢、有好感的女人，男人会选择好好利用；对于无感的女人，男人不会想见到她。

而性行为在男人的原始概念里，是带有"侵害"因素的。所以男人对感情越深的女人，性冲动越低，因为他想好好保护深爱的女人。

96 个男人认同这句话：

沉默是男人总结出的吵架中对付女人最有效的武器。

年少无知的男人在和女人吵架的时候还会试图和她们讲道理。后来战斗的次数多了，也就有经验了，女人根本就不讲道理嘛！既然无法沟通了，只能不沟通。

而且别以为这次他闭嘴了，就代表吵过的问题他默认了。它一直都在，并且不可能通过吵架的途径解决。

90 个男人认同这句话：

男人都有爱当英雄的心理，所以很容易喜欢上向他诉苦的女人。

男人从流着鼻涕玩的变形金刚到关着手机躲避追踪玩的 dota 都在说明，男人总活在自己的世界里，成为那个世界的英雄。

这是事实，只需要接受，不需要理解。

所以爱屋及乌，谁能让他产生英雄的感觉，谁就能成为他心中天平倾侧的一边。这也解释了为什么善于谄媚以及楚楚可怜的女人总能更得大男人的欢心。

94 个男人认同这句话：

男人觉得带着同一个女人去所有地方实在是一件很闷的事。所以和其他女人适度约会，是调剂和放松，女友完全不必胡思乱想。

男人未必会觉得女人如衣服，要换就换，但男人一定不会想每天都穿着同一件衣服外出。

男人在喜欢新鲜异性面孔这点上，估计和女人喜欢新衣服毫无二致，也就是正常交际而已。不要逼着男朋友和女性朋友见个面都像偷情一样。

88 个男人认同这句话：

女人选择美化眼前的男人，而男人却不自觉地美化逝去的恋情。

男人的这种心理，归根到底来源于莫名其妙的自信心。这种自信心可以膨胀到会美化过去的事情欺骗自己内心的程度。

无论逝去的恋情是被甩还是甩人，他都会自作多情地认为旧情人依旧对自己有着说不清的感情，所以他们相比女生会更乐意和旧情人保持联系。

为什么？因为"我这么好，她怎么可能不喜欢我？"

83 个男人认同这句话：

男人害怕结婚并不是因为"婚姻"这件事，而是婚礼的烦琐过程和女人的各种挑剔要求。

男人恐婚，尤其是对于已经达到结婚条件却还是迟迟不肯就范的男人来说，他真正害怕的不是婚姻啊、责任啊这些虚名。更不是他不爱你，而是婚礼的各种烦琐和老婆的各种要求。

这些陈规习俗和老婆开出的条件会让男人有种被摆布的感觉，要像小孩子一样乖乖听话。

所以要是结婚只包括注册这一项，恐婚人群起码减少 80%。

82 个男人认同这句话：

懂得欣赏聪明女人的男人不多。因为在他们面前，男人总觉得缺乏安全感。

为什么说男人都喜欢笨笨的女生呢？就是因为女生太聪明了他怕自己 hold 不住。

男人天生的占有欲和控制欲会让他们对没有把握的人不放心，相处久了容易觉得累。所以真心能欣赏女人智慧之光的男人，绝对是高度进化的物种。

这也变相解释了为什么总是师妹比师姐受欢迎，师姐经验太足，显得老奸巨猾。

81 个男人认同这句话：

男人很容易喜欢上卖弄风情，看起来唾手可得的女人，因为他觉得有更多机会接触到她们。

这种女人在女生堆里自然不受待见，但在男人的眼中却是另一回事。

这种看上去唾手可得的女人，无论实际上是怎样，都会加强男人的自信心。谁都知道做有把握的事情比没有把握的更积极。

更何况这是一颗女人的心，它对于男人的作用无异于鸡血，稍微一点点就能让男人觉得自己天上地下无所不能。

76 个男人认同这句话：

男人不喜欢听心上人的旧恋情。

原因分两大类，物质类的解释是，一想到自己爱的人曾经和其他男人有过肌肤之亲，就难以忍受。这是男人把女人物化的又一铁证，"我的东西你怎么能碰呢？"同时也是男人处女情结的源出之处，"我的东西原来你碰过啊。"

至于精神类的，是基于心痛，因为"原来你曾经这么受过伤，当时不能保护你真的很自责"。

你看，这才是真爱。

77 个男人认同这句话：

成熟男人对于崇拜他的少女，抵抗力是相当弱的。

年纪越大的男人越自以为是。因为当男人长到一定年纪，有了阅历和财力，更容易放大自己的良好心理，这时候女人的崇拜可以说是事半功倍。

尤其是少女，这种萌物还能激发男人心底的父爱。

父爱是什么？"父爱"如山，会压垮一切理智和道德。

71 个男人认同这句话：

男人其实很昏庸，女人只要肯奉承，他什么都答应。

我们说过，男人爱面子，往死里爱面子。

所以只要你满足了他最根本的需求，他自然也能答应你任何要求。需要提高警惕的是，这句话对于他不爱，乃至不喜欢的女人同样适用。

在这点上，男生真像没断奶的小孩。

80 个男人认同这句话：

男人都不大重视对自己太好的女人。

男人在恋爱上，无论是抱着纯玩的心态还是爱到骨子里的追求，都带着狩猎的心理。玩心越重，狩猎心理越明显。

对于已经到手，甚至对自己俯首称臣的猎物，他怎么可能过多关注。所以人们总说，男人总觉得泡到的妞永远比不上还没泡的。

这也算是男人追求成功的另一种心理表现吧!

74 个男人认同这句话：

男人在分手时拖泥带水，其实是想把去留的难题丢给女人，以减少自己做决定所带来的内疚感。

男人是无时无刻不在追求自我感觉良好的物种啊，他们怎么可能做出让自己感到愧疚的事情呢？

这个举动就像要男人开口跟女人借钱一样，被认为是亏欠女人的事情。在这世上，男人会觉得宁可亏欠兄弟也不能亏欠女人。

反过来说，当一个男人开口和你说分手时，请充分理解他内心经过了多少挣扎，以及他对你的不爱已经超过了自我谴责。

21句男人
常用的言外之意

　　虽然我们说着同一个民族的语言，男人与女人之间却仿佛有着不同的话语体系。当他说你穿得"挺时尚"，暗语可能是有点难看；当他说你"气质不错"，暗语可能是乏善可陈；当他说"我很忙"，暗语可能是我对你没兴趣。

　　我们的调查显示，34%的女生表示自己经常无法肯定他话里的真实意图，41%的女生认为他不喜欢把话说明白，19%的女生认为男生一旦知道你喜欢他，就会变得神秘莫测。而在被调查的男生中，29%的男生承认面对自己喜欢的女生时，不喜欢说真话。53%的男生表示女友经常误解自己的真实意图，37%的男生认为自己不了解女生，不知道她们心里想的是什么。

最易被忽略的"他隐语"

1."我就喜欢胖一点的女孩。"

解读：小心了，你在他的眼里已经是不折不扣的胖子。

2."你今天打扮得挺时尚。"

解读：你今天的打扮实在不是我喜欢的类型，让我简直没办法评价。

3."如果不喜欢你，我干吗跟你在一起？"

解读：我觉得你还可以，但还远未到"爱"的程度。

4."随便你。"

解读：我并不赞成，但也不十分反对，你看着办吧。

5."我以前从没有遇到过像你这样特别的女孩。"

解读：我喜欢你，想更多地了解你。

6."我觉得你比某某某（你的闺密）漂亮。"

解读：请注意，我已经开始特别关注你这位漂亮的闺密了。

最体现暧昧的"他隐语"

1."你是我最好的朋友，如果将来咱们都没找到合适的人，就一起过吧。"

解读：你离我对另一半的要求有差距，但如果你愿意，我们可以上上床。

2. "我没有你想的那么好，我不是一个负责任的男人。"

解读：如果你决定跟我在一起，最好别提太多要求。

3. "你很好，是我不好，我配不上你。"

解读：别逼我，我根本就不想跟你在一起。

4. "其实，某某某（你的某位追求者或发小儿）比我更适合你。"

解读：我对他是美慕嫉妒恨，求你赶紧说点他的坏话让我高兴高兴。

5. "你们女生的想法太复杂了，男人简单多了。"

解读：你最近话太多，要求也太多，哥们儿我很烦很累很不满。

关于亲朋好友的"他隐语"

1. "（我的朋友们）都很一般，没什么可见的。"

解读：男人并不觉得与你相爱，就有必要介绍自己的朋友给你，他们在这个问题上，永远比女生低调与慎重许多。

2. "我妈不同意我太早结婚。"

解读：其实我自己也不想太早结婚，尤其是跟你结婚。

3. "我觉得你太依恋你家人了，不太独立。"

解读：我不喜欢你跟家人过于亲密，我希望我是这个世界上让你最感亲近的人。

4.“你的朋友好多！”
解读：他们中有些人我一点儿也不喜欢。

5.“我父母没什么好见的，我喜欢的他们就喜欢。”
解读：我并不认为咱们之间的关系已经亲近到可以去见双方父母的地步。

真情流露的“他隐语”

1.“你这个习惯怎么跟我老妈一样。”
解读：你当然不希望自己跟老太太在习惯方面有任何交集，不过，千万不要生气，哪怕他的语气充满了嘲讽。男人只会将自己喜欢的女孩与家人相比。

2.“你穿什么都好看。”
解读：这当然不是真话，但既然是我喜欢的人，你怎样我都应该喜欢。

3.“有什么事儿？”
解读：当他开始将这句话作为接起电话的开场白，说明他已经对你感到非常厌倦。

4."我觉得跟你在一起挺轻松（好玩）的。"

解读：千万不要板着脸说，我对你感情这么深，你对我只是"好玩"？在男生眼里，这句话是对女生相当高的评价，请记住，男人迷恋的永远是轻松好玩的两性关系。

5."我还是觉得男人应该先立业再成家。"

解读：他对自己的现状很不满意，而你是他现状的一部分。当他开始下决心改变现状，你就像一件旧衣服。

爱情中的 9 大谣言

你认真想过吗？那些你曾经奉为爱情箴言的信条，实际上不过是谣言。

爱情有方法可学习，有技巧可沟通，但最重要是有一颗赤诚的心。

谣言 1

谁先表白谁就输。

你必须明白——不论如何开始，爱只有真心相待才能走得更远。

一般女人怕丢脸、怕被拒绝，认为爱情应该由男人来开始，她们也确实是这样做的——一定要等男人先表白，让他主动追，这样他才会懂得珍惜，不然以后就算在一起了，女人也会处于下风，输得好惨。

事实上爱情中没有输赢，只有双方付出多少。一旦感情出现裂痕，付出多的一方必然受损大，但这并不代表付出少的一方不受伤害。如果真铁石心肠，除非根本没爱过。

结婚不是爱情的终点，表白更不是终点，感情需要付出心力，学习和对方相处并且了解对方，不断磨合、包容，绝对不是一句"我喜欢你"表白完就万事OK。不管是怎样开始的，只有平等相处、真心相待，爱才能走得更远。

谣言2

真爱你的男人不会介意你的过去。

你必须明白——男人是"面子生物"，你少说一件情史，就少给将来埋一颗地雷。

据某知名网站统计数据来看，坦白光辉情史的女人大多都有个悲惨的下场，男人始终是"面子生物"。

想当初不雅照事件刚刚曝光，谢霆锋真情告白："我就要包容她的过去，她的现在，才可能一起走到未来。"时隔三年，当年"嫁人当嫁谢霆锋"的口号喊得有多响亮，现在的耳光就甩得有多响亮。

男人不介意女朋友过去的光辉情史，通常只有两种情况，一是因为太爱而忍，二是根本不爱无所谓。不论哪一种，这爱都不太可能往好的方向发展。关于那些过去，如果他问起，你可以坦白，但细节必须省去，你有权维护个人隐私，你没有义务和任何人交代。你也无需自责，各自留有空间，这不是欺骗，是两人相处起码该有的尊重。最重要的是，一定要让他知道，那些已经过去，你的心现在完全属于他。

谣言3

爱一个人最好的表达方式是献身。

你必须明白——爱有很多种表达方式，性不是唯一方式，更遑论最好的方式。

泰戈尔说，通过肉体的结合来寻找爱情是愚蠢的幻想。从各种节日变成"献身日"这件事来看，这种愚蠢的幻想生生不息。

恋爱中的女人喜欢扮演奉献的角色，也许还有些犹豫，但在男友"爱我就该给我"的反复要求下，常常就会半推半就地奉献身体，以为性可以巩固爱。这样的女人因为太过在乎对方而毫无保留，结果通常不幸。

爱有很多种表达方式，性只是其中之一，不是唯一方式，更不一定是最好的方式。你拿出你的爱情，我奉献我的身体，连你自己都把爱情当成了一场交易，凭什么要求别人付出真心？性是爱水到渠成的产物，如果你要献身，那么在此之前，有三个问题一定要问自己：1.你真的爱他吗？ 2.你做好心理准备了吗？ 3.你做好避孕准备了吗？哪怕其中只有一个回答是"NO"，那也请三思而后行。

谣言4

太优秀的女孩没人要。

你必须明白——让男人望而却步的不是你的优秀，而是你的强悍。

有一句话流传甚广，女人都想找一个男人，结果后来发现最男人的是自己。虽然是一句玩笑话，但也不失给那些太强悍的女人敲响了警钟。

优秀的女人因为有值得称赞的资本，常常扮演着鹤立鸡群的角色。不可否认，这样的女人，大多强势、独立、自主，也许还会有些女权主义。就算是外表柔弱，也有一颗金刚钻打造的强悍心。在这样的女人面前，自卑的倾慕者不敢表达爱意，因为感觉"矮"了一截，即便有大胆鼓足勇气的也表现得唯唯诺诺，自然入不了眼；而比自己更优秀，甚至是旗鼓相当的男人少之又少，更何况自己相中的未必也正好相中自己。没有男人会真心想伺候"太后"，真正曲高和寡的原因不是因为太优秀，而是因为太强悍。

温柔点，别总那么气势凌人，该示弱的时候就示弱，但你需要谨记的一点是，不论有没有男人爱，男人对你有多爱，你都必须保持有自力更生的能力。

谣言 5

真爱中不能有欺骗，也不会有欺骗。

你必须明白——多给他一些信任和支持，他会更诚实。

我们从小接受的教育就是要诚实，包括对待爱情。两人相爱必须坦诚相待，不能有欺骗。如果他对你撒谎，就觉得是因为他不爱你。可是男人并不这么想。大部分男人说谎，只是因为懒得解释，害怕麻烦。当然，除非你碰上的是一个专门欺骗感情的浑蛋。

心理学家指出，男人是任务型导向，把眼前发生的事当作一件件等待解决的任务，男人关切的重点是解决问题。他们碰到问题时习惯采取自认为最务实、最有效的解决办法，常常就会以找借口、说谎带过。举例来说，兄弟约晚上一起看球，耽误和你的约会，男人懒得比较是你重要还是足球重要，于是选择说个自以为无伤大雅的谎，例如晚上临时加班，或者身体忽然不舒服等等。

退一步来说，如果男人真要跑要劈腿，你死盯也没用，那只会把你变成整天疑神疑鬼的神经病。所以，多给对方一些信任和支持，男人了解你的体恤之后，知道没有说谎的必要，不必担心说实话会带来麻烦，自然乐意说实话。

谣言 6

用心爱你，就知道你在想什么。

你必须明白——找到有效的沟通方式更能促进感情。

女人是一种很奇怪的生物，她们总是喜欢用"默契"和"懂得"这些虚幻的东西来衡量爱的深浅。如果一个男人懂得自己，那么士为知己者死，完全不顾这个男人是否用心在跟自己交往。而如果一个男人与自己不够默契，那么纵然这个男人掏心挖肺也忍不住心中疑虑丛生，每天要问一百遍"你到底爱不爱我"，好好一段感情也搅黄了。

在这一点上，男人有点冤枉。和天性更细腻的女人相比，大多数男人根本无法解读人际互动中复杂的姿势、声调、眼神等组合背后的复杂含义。他又不是你肚子里的蛔虫，就算蛔虫也不能日日思你所思，夜夜想你所想呀！每个人都来自不同的家庭，有各自的生长环境，有不同的喜好，以及不同的付出爱与表达爱的方式。你的心情和状况只有你自己最懂，与其折磨死他猜来猜去，不如学会找到一种属于你们的良好沟通方式，这比那些所谓的默契、懂得更有效也更有意义。

当然，如果你身边的男人完全不知道你在想什么，你们说什么都南辕北辙，那么你还是认真考虑一下是否有继续的必要吧。

谣言 7

爱我就会为我改变一切。

你必须明白——爱是包容，爱是接纳，包括好的坏的。

在恋爱中的女人，有一件事一定孜孜不倦，那就是改造身边的男人。改造成功，皆大欢喜；改造不成功，就归结于他不够爱自己。因为女人觉得，如果真爱一个人，就会心甘情愿为她改变。

很多时候男人拒绝改变，只是因为想捍卫自主权。现实中，人性的本真和底牌是：人始终是独立的个体，任何原由都不能让一个人彻底脱胎换骨，爱也不能。陷入爱情中的女人容易盲目自大，总以为自己可以改变对方这个缺点、那个问题，但结果往往是搬起石头砸了自己的脚。如果你不是因为他的真实面目而爱，那么无论他做多少改变，你都不会产生更多的爱意。相反，你只会越来越喜欢控制他、改造他，要求也越来越多。真爱一个人，你会懂得接纳和包容，而不是期待把他改造成你想要的样子。

在试图改变他因为深夜看球而冷落你的"坏毛病"之前，请先问自己两个问题：第一，你可以为了他放弃上街血拼吗？第二，你可以为满足他柔软的手感顿顿吃五花肉胖死吗？如果不能，那也请让你对他的改造运动适可而止。

谣言8

分手了，一定要活得比他好。

你必须明白——如果你一定要报复，那就对他视而不见。

每一个被甩的女人，都会在心里暗暗发誓：我一定要过得比他好，让他后悔去。存这样的心思，证明他依然在你心里占有一席之地，并且这块地方还不小。

分手后你活得比他好，这固然很不错，但是如果把这件事当成了往后生活的主旋律，那简直就是拿自己的人生为别人的错误买单。好吧，我承认，你离开他后的美好生活也许会对他产生一定的刺激作用，但是，谁能保证自己就一定能比 EX 们过得好呢？生活有时候很狗血，但绝不会是偶像剧。只有追求新的开始，过自己喜欢的生活，你才能重新发现生活的乐趣与生命中的美。如果你执迷不悟一定要报复，那么不论过得好与坏，对付贱人最好的方法，就是视而不见。

谣言 9

下一个男人会更好。

你必须明白——实际上是你的态度在决定爱情走向。

所有的女人失恋，闺密都会这样安慰：下一个男人会更好。

没错，下一个男人有可能会更好，但是，她忘了告诉你，这个"更好"有一个前提。

失恋就像一个台阶，如果不懂得及时反省，这个台阶就是向下的，它可能带你滑入越来越险的深渊；如果能从中吸取教训、经验，那它就变成向上的，能带你奔向越来越好的幸福彼岸。

所谓的下一个男人会更好，并不是说以后遭遇的男人不再花心、不再不负责、不再不靠谱，也不是说下一个男人会比上一任条件更出众，而是说你的眼光将在过往的恋爱中被打磨得更锐利，你越来越清楚什么样的男人更适合自己，什么样的男人最可靠。

是你的态度，在决定你的爱情走向。

STAFF/制作团队

大鱼文学工作室

【总策划】
苏 瑶

【副总策划】
杜莉萍 / 宋惜非（邵年）

【执行主编】
宋惜非（邵年）

【文字编辑】
刘砾遥（夏之）

【视觉设计】
gemini_jennifer / 昆 词

【版权和媒体运营】
赵婧（zhaojing@dayubook.com）

【校对】
雷 双 / 彭 佳